国家示范性高职院校重点建设专业系列教材

粮油加工

（食品加工、绿色食品生产与检验专业用）

孙玉清　主编

中国农业大学出版社

·北京·

内 容 简 介

本教材按照高职高专工学结合的教育理念，以高职高专人才培养为目标，以就业能力培养为导向，将学生应具备的专业知识、职业技能、综合职业素质融合到教材中。本教材内容的选取是以粮油加工行业的原料验收、贮藏、加工工序，产品包装、配送及质量监控等环节的实际作业流程为依据，力求体现“怎么做?”“怎么能做到更好?”，减少“是什么?”“为什么”等陈旧理论知识。

本教材包括八个教学单元，每个教学单元包括学习资料与若干个学习项目和实训项目，每个学习(实训)项目都制订明确的目标，编写学习(实训)准备、教学实施、评价与反馈、总结与反思以及拓展学习等内容。全书内容简洁、紧扣职业岗位要求。

本教材体例清晰，设计预习单、学习页、工作页和实验单，既适于学生自学，也适于相关专业的教师教学用，同时亦可作为本行业技术人员培训教材。

图书在版编目(CIP)数据

粮油加工/孙玉清主编. —北京：中国农业大学出版社，2010. 11(2016. 7 重印)
ISBN 978-7-5655-0084-8

Ⅰ. ①粮…　Ⅱ. ①孙…　Ⅲ. ①粮食加工-高等学校：技术学校-教材②油料加工-高等学校：技术学校-教材　Ⅳ. ①TS210. 4②TS224

中国版本图书馆 CTP 数据核字(2010)第 167605 号

书　名　粮油加工
作　者　孙玉清　主编

策划编辑　董　田　伍　斌　　**责任编辑**　菅景颖　何丽霞
封面设计　郑　川　　**责任校对**　王晓凤　陈　莹
出版发行　中国农业大学出版社
社　址　北京市海淀区圆明园西路 2 号　　**邮政编码**　100193
电　话　发行部 010-62818525，8625　　读者服务部 010-62732336
编辑部 010-62732617，2618　　出　版　部 010-62733440
网　址　http://www.cau.edu.cn/caup　　**E-mail** cbsszs @ cau.edu.cn
经　销　新华书店
印　刷　涿州市星河印刷有限公司
版　次　2010 年 11 月第 1 版　　2016 年 7 月第 3 次印刷
规　格　787×980　16 开本　16.5 印张　300 千字
定　价　27.00 元

编审人员

主　　编　孙玉清(北京农业职业学院)
副 主 编　乌　兰(北京农业职业学院)
　　　　　郭亚萍(北京稻香村食品有限公司食品生产厂)
参　　编　孙　鹏(北京稻香村食品有限公司食品生产厂)
　　　　　柳　青(北京农业职业学院)
　　　　　吴董波(北京稻香村食品有限公司食品生产厂)
　　　　　郭文莉(北京稻香村食品有限公司食品生产厂)
　　　　　赵　钢(北京农业职业学院)
　　　　　王相文(北京古船食品有限公司)
　　　　　王丽琼(北京农业职业学院)
审　　稿　黄彦芳(北京农业职业学院)
　　　　　苏东海(北京电子科技职业学院)

前　言

本教材编写的指导思想是，以培养学生就业能力为导向，以本专业人才培养目标为标准选择课程学习领域，以粮油加工行业职业岗位要求为主线设计教学流程，以学生应具备的专业知识为基础整合教学内容，以学生基本技能的应用能力、自主学习能力、创新能力等综合职业素质为培养目标设计教学项目。能应用能力、自主学习能力、创新能力、综合职业素质为培养目标。

本教材是根据粮油加工过程中的原料验收、贮藏、加工工序，产品包装、配送以及质量监控等环节的实际工作流程构建课程体系。以实际应用和创新启发的知识点整合教学内容，将“怎么做?”“怎么能做到更好?”贯彻其中，减少“是什么?”“为什么?”等陈旧理论知识的灌输。

根据企业的岗位活动流程设计课程的教学流程，以产品加工的工艺流程设计实训流程。根据工作岗位优化教学内容，通过分析研究工作岗位的知识基础和能力要求，将课程内容整合为理论学习项目、实景操作项目、专项实验、企业参观、专题讲座五种类型。每个项目都编写了教学目标、课程任务、资料单(包括文字资料、相关标准、相关网站)、预习单、学习页、工作页、实验单、考核单，便于学生自学。

根据企业的岗位考核项目设计考核流程，把岗位职业能力考核的内容、标准、方法动态地分散到每个学习项目中，依照学生完成学习项目的态度、结果、水平、能力等评价学生的学习成果，将考核内容编入教材，实现对学生整体完成工作任务能力的考核。

本教材编写过程中多次组织行业、企业专家进行职业岗位的分析，深入到北京市主要粮油食品加工企业如北京稻香村食品有限公司、北京古船食品有限公司、北京好利来食品有限公司等进行了充分调研，分别走访了食品加工企业的生产车间、品控部、质量管理部、销售部等学生毕业后的主要就业部门。对生产企业的生产线班组长、原料配送员、车间中控操作员、设备监控员、包装喷码员、包装标签审核员、产品品管员、检验员、化验员、巡检员、包装标签审核员、质量体系专员、质量信息专员、档案管理员、销售代表、销售企业店面的店长、业务经理、营销推广策划员等18个工作岗位的职业要求和职业素质做了详细的分析和汇总，为学习项目的抽提、课程内容的整合及考核内容的编写提供了非常宝贵的指导作用。

编　者

2010年6月

Contents 目录

第一单元　粮油加工行业职业基础培训

学习目标

1. 熟悉粮油加工企业岗位设置，熟悉任职人员能力的基本要求。
2. 了解粮油加工企业各岗位基本工作。
3. 了解企业的文化内涵和职业理念。

内容结构

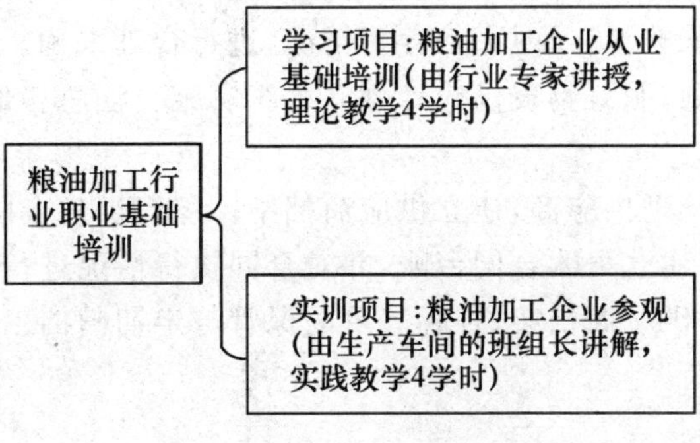

学习资料

一、食品的定义

《食品工业基本术语》对食品的定义：可供人类食用或饮用的物质，包括加工食品、半成品和未加工食品，不包括烟草或只作药品用的物质。

《食品卫生法》对“食品”的法律定义：各种供人食用或者饮用的成品和原料以及按照传统既是食品又是药品的物品，但是不包括以治疗为目的的物品。

从食品卫生立法和管理的角度，广义的食品概念还涉及：所生产食品的原料，食品原料种植、养殖过程接触的物质和环境，食品的添加物质，所有直接或间接接触食品的包装材料、设施以及影响食品原有品质的环境。

在进口和出口食品检验检疫管理工作中，通常还把“其他与食品有关的物品”列入食品的管理范畴。

二、食品企业机构设置及职能

(一)食品生产企业部门设置

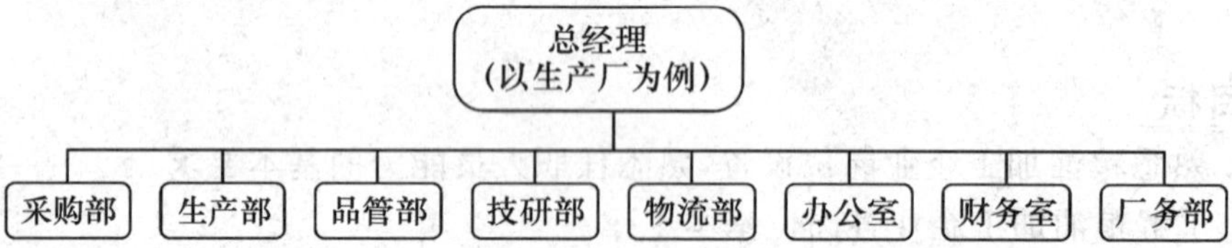

(二)各部门主要职能

1. 采购部

①掌握市场信息，开拓新货源，优化进货渠道，降低采购费用。会同库管部、会计部确定合理物资采购量，及时了解存货情况，进行合理采购。

②根据生产计划，制订物资供应计划并组织实施。汇总各部门的采购申请单，编制采购作业计划。

③选择、评审、管理供应商，建立供应商档案。组织供货合同评审，签订供货合同，实施采购活动。建立采购合同台账，并对合同执行情况进行监督。

④采购部合同、供应商档案、各种表单的保管与定期归档工作。

⑤保密工作。

2. 生产部

①组织生产、设备、安全、环保等制度拟订、控制、执行、检查及监督。

②负责设计工厂的改造计划、设计工厂的产品布局和工序间的协调。

③负责抓好生产安全教育，加强安全生产的控制、实施，严格执行安全法规、生产操作规程，及时监督检查，确保安全生产，杜绝重大火灾、设备、人身伤亡事故的发生。

④负责生产现场管理工作、环境保护工作、劳动防护管理工作并制订环保措施计划。编制年度、季度、月度生产统计报表。原始记录、台账、统计报表管理工作，确保统计核算规范化以及统计数据的正确性。

⑤负责做好生产调度管理工作。强化调度管理、严肃调度纪律，提高调度人员

生产专业知识和业务管理水平，平衡综合生产能力，合理安排生产作业时间，平衡用电、节约能源。

3. 品管部

①负责贯彻落实公司质量方针和质量目标，策划、组织公司质量管理体系的运行、维护以及绩效改善。

②负责公司各种品质管理制度的订立与实施，“5S”、“零缺陷”、“全面质量管理”等各种品质活动的组织与推动。

③负责对各部门品质管理工作进行内部质量审核。

④负责原辅料、在制品、半成品、成品的品质标准、品质检验规程和各种质量记录表单的制订与执行，对出仓产品质量负全部责任。

⑤负责全员品质教育、培训。

⑥负责各种质量责任事故调查处理，各种品质异常的仲裁处理，配合营销中心对客户投诉与退货进行调查处理。

4. 技研部

①自有新产品(包括产品升级)构思设计。

②基础技术研究。

③对产品项目与技术开发项目进行跨部门的项目管理。

④部门技术资料管理。

⑤协助项目部进行售前工程师技术培训。

5. 物流部

①仓储管理：负责公司仓库相关操作规范的制订，并在实施中负责指导与监督。

②配送管理：编制总体业务流程方案，确保货物在不同处理方式下，以专业方法运作，使产品配送在流畅安全下进行。

③内部管理：控制送货和仓储成本，以符合公司目标。保证日常操作顺畅有效。

6. 办公室

①劳动关系的确认。

②培训管理。

③绩效考核。

④配合各部门进行员工违章、违纪的调查处理工作。

⑤薪酬的管理。

⑥负责劳动合同续签、解除、终止的处理。

7. 财务室

①负责财务室正常业务支票、现金和票据的管理，保证资金的安全性、完整性。

②每月不定期对出纳正常业务现金进行盘点，完成财务软件各模块的记账、结账工作。

③负责财务室设备的合理使用及简单维护，发现问题及时与网管沟通解决。

④负责包装物出、入库单据的审核，协助盘点工作，并出具盘点报表。

⑤负责固定资产申请、统计、反馈、登记工作。

8. 厂务部

①负责做好生产硬件设备（厂房、水、电）、计量器具维护检修工作。结合生产任务，合理安排生产设备、计量器具计划，确保设备维护保修所需的正常时间。

②负责编制年度、季度、月度生产计划和作业、设备维修计划，及时组织实施、检查、协调、考核。

③负责整体的安全保卫协调、消防、环保等事项。参与环境管理的组织与实施，提出改进需求。

④负责日常办公用品及包装材料的采购、贮存与管理。

⑤后勤的管理（包括员工的衣、食、住）安排。

三、粮油加工企业岗位设置与主要职责

岗位设置要求科学化、规范化，同时会制订岗位规范、岗位说明书等反映岗位要求的人事文件，这些文件是为了更有效地实现企业员工的招聘、选拔、任用、考核、晋升、培训、奖罚、薪酬等人力资源管理职能。岗位数量要尽可能的少，以使工作尽可能地集中，不分散；从经济角度来说，可节省人工费。每一个人、每一个岗位的工作人员都应该承担一定的责任。

（一）总经理（以生产厂为例）

总经理是公司的最高负责人，行使公司最高决策权。具体来说，主要有以下职责。

①代表公司参加重大的内外活动。

②审核以公司名义发布的各种文件。

③领导、制订公司的市场运营、发展战略及规划，制订公司年度计划，中长期发展计划等。

④批准公司的年度财务预算。

⑤领导公司建立各级组织机构，并按公司战略规划进行机构调整；领导公司制

订各种规章制度，并深入贯彻实施。

⑥决定各职能部门主管的任免、报酬、奖惩；加强企业文化建设，搞好社会公共关系，树立公司良好的社会形象；定期主持召开公司质量分析会。

(二)部门经理等管理者

①拟订本部门年度、季度、月度目标、工作计划并组织完成。

②享有部门内部人事调配权。

③负责本部门项目管理、质量控制及日常工作的维护。

④制订部门战略，并服从公司总体发展规划的贯彻落实。

⑤建立高绩效的部门团队，并起到团队核心作用。

(三)主要岗位

1.品管员

①对原辅料、包装物、半成品、成品抽样检验。

②对辖区内生产过程进行监控(包括工艺技术参数的验证)。

③负责辖区内CCP(Critical Control Point，关键控制点)的监控与验证。

④协助信息专员对顾客抱怨的产品质量信息进行界定和原因分析。

2.体系专员

①管理体系文件、记录的管理(编制、发放、修改、回收、销毁等)。

②管理体系的日常监督、维护与更新，制订改进建议方案。

③管理体系文件及相关质量、环境、食品安全控制方法的培训。

④年度审核计划的编制，年度内审、管理评审的实施。

3.化验检验员

①负责编制、修订《化验检验计划》、《产品政府抽检规程》、《产品送检计划》并监督执行。

②负责安排取样送检，并取回报告。

③负责委托检验以及政府监督抽检相关沟通工作。

4.生产计划员

①编制年度、季度、月度生产计划。

②审核、平衡销售中心承接的订单，并纳入生产计划。

③下发生产任务单。

④生产安全管理。

⑤制订有关生产安全的管理制度，并编制年度生产安全计划。

⑥各项安全设施的询价、采购、运输及安装。

⑦组织各类锅炉、压力容器、高压仪器仪表、供水设施、避雷绝缘、计量标准的定期检修。

⑧查和校验，确保设备安全运行。

⑨处理生产中发生的安全事故。

⑩对职工进行安全生产教育。

5. 研发员

①技术市场信息调查与分析。

②新产品研发项目的实施、监控与改进。

③制订企业各项技术、工艺标准。

6. 物资采购员

①执行领导批准的物资采购计划。

②与合格供应商洽谈订货合同。

③按照公司的审批权限，由总裁或总裁授权人签订订货合同。

④负责订货合同的存档与保管。

⑤将订货合同副本抄送财务部。

7. 成品库管员

①办理生产成品的出、入库手续。

②生产成品的贮运管理。

③合理控制库存。

四、粮油加工企业员工基本素质要求

(一)管理者

管理者应掌握国家相关政策、法律、法规和标准的规定，深知食品安全对于企业发展的重要意义以及在保障食品安全工作中肩负的重要责任，并自始至终给予高度关注。

(二)技术人员

技术人员应熟悉国家法律、法规和标准的规定，工作态度端正，敬业精神强，具有良好的团队合作精神，专业知识扎实，学习能力强，可塑性好，不损害企业的利益。

(三)工作人员

1. 健康检查

加工人员及有关人员每年至少进行一次健康检查，必要时接受临时检查。新参加或临时参加工作的人员，必须经健康检查，取得健康合格证后方可工作。工厂应建立职工健康档案。

2. 健康要求

凡患有以下病症之一者，不得在加工车间工作：传染性肝炎，活动性肺结核，肠道传染病及肠道传染病带菌者，化脓性或渗出性皮肤病、疥疮，手有外伤者以及其他有碍食品卫生的疾病。

3. 卫生教育

新参加工作或临时参加工作的人员必须经卫生安全教育后方可参加工作。

4. 个人卫生

①加工人员应保持良好的个人卫生；勤洗澡、勤理发、勤换衣；不得留长指甲和涂指甲油及其他化妆品，不得戴任何首饰及饰品进入车间。

②加工人员进车间必须穿戴本厂统一的工作服、工作帽、工作鞋（袜），工作服和工作帽必须每天更换；头发不得外露；不得将与生产无关的个人用品和饰物带入车间。

③加工人员不得穿戴工作服、工作帽、工作鞋（袜）进入与生产无关的场所。

④一切人员不得在车间内吃东西、吸烟、随地吐痰、乱扔废弃物。

⑤加工人员应自觉遵守各项卫生制度，养成良好的卫生习惯；进入车间前需洗手（可采用六步洗手法）、消毒、过风淋，操作前必须洗手、消毒，衣帽整齐。冷操作车间的操作人员必须戴口罩。

⑥开始工作之前、每次离开工作台之后以及在双手可能已经弄脏或受到污染的任何其他时间，要在充足的洗手设施中彻底洗净双手（如要防止不良微生物的污染，则应进行消毒）。除去不牢靠的，可能掉入食品、设备或容器中的以及在手工操作时无法彻底消毒的珠宝饰品和其他饰物，如果无法除去首饰，可以用一块完整无损的、清洁卫生的、并能有效防止食品、食品接触面或食品包装材料受污染的物料把首饰包盖起来。使手套（如果用它们处理食品）处于完整无损、清洁卫生的状态。手套应当用非渗透性的材料制作。

⑦在适当的场合要戴上发网、束发带、帽子、胡须套或其他有效的须发约束物。将衣物或其他个人物品存放在不能接触食品的区域或在设备及用具清洗处之外的区域。将以下行为限制在不能接触食品或在设备及用具清洗处之外的区域，如吃东西、嚼口香糖、喝饮料或吸烟。

⑧采取其他必要的预防措施，防止食品、食品接触面或食品包装材料受到微生物或异物（包括，但不仅限于：汗水、头发、化妆品、烟草、化学物品及皮肤用药物）的污染。

学习项目　粮油加工企业从业基础培训

学习任务

1. 了解粮油加工企业的职能部门及其职责，了解粮油加工企业的岗位需求和岗位职责。

2. 了解粮油加工企业对员工的基本要求。

3. 通过互动交流，咨询自己感兴趣的从业方面的其他知识或要求。

本项目通过行业专家的理论培训和互动交流完成，需要4学时。

一、学习准备

课程导入

大型粮油加企业包括哪些部门？谈谈你毕业后的选择意向。

预习单

1. 粮油加工企业有哪些职能部门？其职责是什么？

2. 粮油加工企业有哪些岗位？岗位职责有哪些？

3. 粮油加工企业生产一线人员的基本要求有哪些？

二、教学实施

本项目由校外专家以开设讲座的形式完成，培训内容可结合北京地区粮油加工业的特点来完成。学习培训资料，查阅相关资料，完成学习页。

学习页

(一)食品概念的理解

项目	内容	举例
《食品工业基本术语》对食品的定义		
《食品卫生法》对“食品”的法律定义		
从食品卫生立法和管理的角度理解		
进口和出口食品检验检疫管理工作中的食品范畴		

(二)了解粮油加工企业的机构设置

列举你最感兴趣的部门，分析其主要职责，谈谈本人的愿望。

部门	主要职责	本人的愿望

(三)粮油加工企业岗位设置及基本职责

按顺序列举你感兴趣的工作岗位并其简述主要职责，分析自己的优势、不足及需要积累的技能和需要提高的能力。

工作岗位	主要职责	自己的优势或不足	需要积累的技能	需要提高的能力

(四)粮油加工企业工作人员基本要求

列举粮油加工企业工作人员的基本要求，哪些是你目前能做到的？哪些是你经过培训能做到的？哪些是你难以接受的？

工作人员的基本要求	目前能做到的	经过培训能做到的	难以接受的

三、评价与反馈

按照附录的考核单评价。

四、总结与反思

通过聆听专家的讲解和互动交流，认真考虑一下自己的职业规划，撰写一篇个人职业规划计划书。

五、拓展学习

检索大型粮油加工企业的主要产品、经营方式等信息。

实训项目　粮油加工企业参观

实训任务

1. 了解整个生产厂房的布局、各生产车间的连接方式。
2. 对于流水线作业的车间，能够按照加工流程看懂总控制台的操作程序。

3. 清楚各个车间的工作内容，明白各车间控制台的操作工序。

4. 了解企业工艺管理规定、设备管理制度，了解各车间岗位管理制度、操作规程。

5. 学习主要工序作业指导书、成品管理作业指导书、辅料和包装材料作业指导书、滞留区作业指导书。

6. 了解企业的“HACCP 文件”及“关键工序控制操作规程”。

本项目通过去北京稻香村食品有限公司或北京古船食品有限公司参观完成，需 4 学时。

一、参观准备

(一) 相关资料收集

以学习小组为单位，通过网上查阅，了解欲参观企业的信息资料。

(二) 参观材料的准备

1. 以小组为单位设计企业调查表，提前一周打印好。

2. 检查参观材料的准备情况。

二、参观教学的实施

参观北京稻香村食品有限公司、北京古船食品有限公司等粮油加工企业，完成工作页。

工作页

(一) 了解企业文化

1. 主要特点。

2. 你的感受。

(二) 了解企业岗位

主要岗位	
工作内容	
相关要求	
体会	

(三) 了解主要产品

项目	主打产品	季节产品	节日产品	嗜好产品
产品名称				
销售状况				
体会				

(四)了解企业管理

1. 员工招聘方式、时间。
2. 主要岗位、员工要求。
3. 保险、工资待遇等。

(五)整理调查表,及时咨询和补充

三、评价与反馈

按照附录的考核单评价。

四、总结与反思

1. 本次参观最大的收获有哪些?对你的职业定位有何帮助?

2. 你认为该粮油加工企业有哪些先进理念和科学管理方法?哪些地方最吸引你?

五、拓展学习

总结自己在本次参观学习中还需解决的问题。

第二单元　小麦粉及其制品加工

学习目标

1. 知道小麦加工面粉的设备，熟悉面粉加工的工艺流程。
2. 明白面粉加工的操作规范，知道面粉加工的质量监控点。
3. 知道挂面、方便面加工的设备，熟悉挂面、方便面加工的工艺流程。
4. 明白挂面、方便面加工的操作规范，知道挂面、方便面加工的质量监控点。
5. 会利用面条加工机械加工面条。
6. 会测定面粉的面筋含量。

内容结构

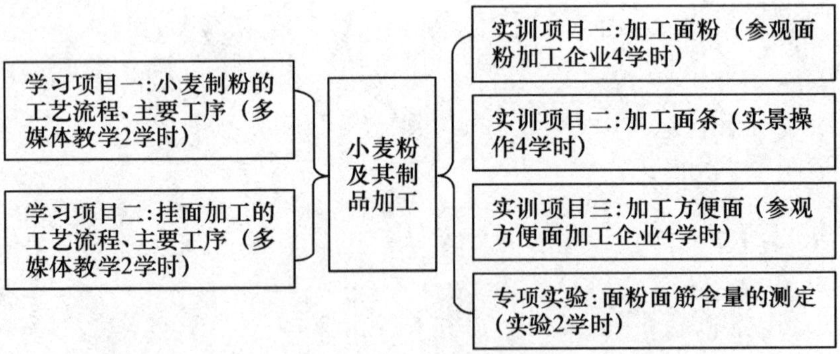

学习资料

一、小麦的分类及工艺性质

(一)小麦的分类

1. 小麦分类方法

①按播种季节分，可分为春小麦和冬小麦两种，春小麦出粉率较低。

②按皮色分，可分为白皮小麦和红皮小麦两种。白皮小麦呈现黄白色或乳白色，皮薄，胚乳含量多，出粉率较高；红皮小麦呈深红或红褐色，皮较厚，胚乳含量少，出粉率较低。

③按胚乳结构呈角质或粉质多少分，可分为硬质小麦和软质小麦。所谓角质（玻璃质），即胚乳结构紧密，呈半透明状；而粉质则胚乳结构疏松，呈石膏状。凡角质占粮粒横截面1/2以上的籽粒，称角质粒，含角质粒50%以上的小麦称为硬质小麦。凡角质不足粮粒横断面1/2的籽粒，称粉质粒，含粉质粒50%以上的小麦称为软质小麦。

2. 我国小麦分类标准

1999年制订的标准（GB 1351—1999）主要是根据小麦冬春性、皮色、粉质等将全国小麦分为9类。

①白色硬质冬小麦：种皮为白色或黄白色的麦粒不低于90%，角质率不低于70%的冬小麦。

②白色硬质春小麦：种皮为白色或黄白色的麦粒不低于90%，角质率不低于70%的春小麦。

③白色软质冬小麦：种皮为白色或黄白色的麦粒不低于90%，粉质率不低于70%的冬小麦。

④白色软质春小麦：种皮为白色或黄白色的麦粒不低于90%，粉质率不低于70%的春小麦。

⑤红色硬质冬小麦：种皮为深红色或红褐色的麦粒不低于90%，角质率不低于70%的冬小麦。

⑥红色硬质春小麦：种皮为深红色或红褐色的麦粒不低于90%，角质率不低于70%的春小麦。

⑦红色软质冬小麦：种皮为深红色或红褐色的麦粒不低于90%，粉质率不低于70%的冬小麦。

⑧红色软质春小麦：种皮为深红色或红褐色的麦粒不低于90%，粉质率不低于70%的春小麦。

⑨混合小麦：不符合①～⑧各条规定的小麦。

（二）小麦的籽粒结构

小麦籽粒由皮层、胚和胚乳三部分组成。

1. 皮层

皮层共分六层，由外向内依次为表皮、外果皮、内果皮、种皮、珠心层、糊粉层，外面五层含粗纤维较多，营养少，难以消化。最里面一层是糊粉层，占麦皮重量的

40%～50%，比其他皮层营养价值丰富，粗纤维含量较少。因此，在生产低质量面粉时应尽量将糊粉层磨入粉中。但由于糊粉层中尚有部分不易消化的纤维素、五聚糖和较高的灰分，因此在生产优质面粉时，不宜将它磨入粉中。

小麦皮层的色泽不同，在制粉时也表现出不同的工艺性质，白皮层因色浅而皮薄，比红皮的出粉率高。

各种小麦的皮层薄厚是不同的，皮层薄的小麦，胚乳占麦粒的百分比大，皮层与胚乳粘连较松，胚乳易剥离，故出粉率高。

2.胚

胚位于小麦籽粒背部的下端，胚中含有一定数量的蛋白质、脂肪和糖等，把它磨入粉中，会增加面粉的酸度，不适宜长期保管，黄色的脂肪还会影响粉色。因此，在磨制高等级粉时，不宜将胚磨入面粉。

麦胚具有极高的营养价值，可在生产过程中将其提出加以利用。

3.胚乳

胚乳是磨制面粉的基本部分，胚乳含量愈高，出粉率就愈高。

小麦按胚乳组织的紧密程度分为硬麦和软麦两种。硬麦的胚乳组织紧密，切开后透明如玻璃状，皮厚易去，磨制的面粉蛋白质多，面筋质量好，适于制取高级粉；软麦的胚乳组织松散，切开后呈粉状，皮较厚，含淀粉量多。

小麦的软硬对清理、磨粉工艺流程及操作方法和面粉质量都有直接影响。硬麦具有较好的工艺性质，而软麦则相反。

(三)小麦的加工品质

小麦的加工品质是指小麦对某种特定加工用途的满足程度。用途不同，品质的衡量标准也不同。小麦的加工品质主要包括磨粉品质、面团品质和烘焙与蒸煮品质。

1.磨粉品质

好的小麦应出粉率高、碾磨简便、筛理容易、能耗低、粉色洁白、灰分含量低。磨粉特性与小麦籽粒大小、形状、整齐度、腹沟深浅、粒色、皮层厚度、胚乳质地、容重等有关。

(1)出粉率

出粉率是指单位重量籽粒所磨出的面粉与籽粒容重之比。籽粒圆大、皮白而薄、吸水率较高、籽粒较硬都是出粉率高的有利条件。腹沟深的籽粒，种皮面积大，皮厚，出粉率下降。容重与出粉率关系密切，容重高，胚乳组织致密，籽粒饱满整齐。硬质小麦胚乳在磨粉时易与麸皮分离，出粉率高。小麦出粉率高低直接关系到制粉业的经济效益，最受商家重视。

(2)面粉灰分

面粉灰分是矿物元素、氧化物等占面粉的百分含量，是面粉精度的重要指标。籽粒外层灰分多于内部，种皮灰分含量居籽粒各部分之首。在磨粉时，要单纯取其糊粉层，又不让麸皮混入面粉中是比较困难的，糊粉层常伴随麸皮一起进入面粉中，在增加出粉率的同时，也增加了灰分含量。小麦清理不彻底，会有一定量泥沙等杂质，也会提高灰分含量。栽培条件对灰分含量也有一定影响。

(3)白度

白度是指小麦面粉的洁白程度，是磨粉品质的重要指标。白度与小麦类型(红、白、软、硬)、面粉粗细度、含水量有关。软麦比硬麦粉色浅，此外，面粉过粗、含水量过高会使白度下降。在制粉过程中，小麦心粉在制粉前路提出，色白，灰分少，质量高，后路出的粉色深，灰分多。由于粉色深浅反映了灰分的多少、出粉率的高低，国外常用白度值确定面粉等级。

(4)能耗

从经济角度考虑，能耗低，其经济价值较高。小麦硬度与动力消耗有关，在粉路长的大车间，硬麦能耗低于软麦；对于中小型设备，两者差别不大；对于小型机组，则硬麦耗能大于软麦。

2.面团品质

面团品质大多体现在小麦面团的流变学特性方面，小麦加工品质好坏可以通过测定面团的流变学特性得到鉴定。流变学特性是指在特殊的负载曲线中应力、应变和时间的关系。由于自身以及外在多种因素的复合作用，使面团流变学行为的分析变得复杂，往往需要从多个方面用不同的仪器进行综合评价。

(1)粉质曲线

粉质曲线是将布拉班德粉质仪测定面团流变学特性的结果反映在粉质曲线图上。

简要测定过程是：给仪器搅拌钵中加入一定量面粉(含水 14%为基准，300 或 50 g)，按操作规程开动仪器，边搅拌边加水(加水有严格要求)，恒温(30℃)下揉成面团。

揉制过程中，仪器所受的搅拌阻力(以布拉班德单位 Bu 表示)的变化自动记录在粉质曲线图上，起初不断增大，达到峰值后出现不同程度的下降，搅拌至规定时间。从粉质曲线图上可得到吸水率、面团形成时间、稳定时间、衰减度(弱化度)、评价值等指标。

(2)拉伸曲线

拉伸曲线是布拉班德拉伸仪测定面团的抗拉伸强度时所得的曲线图。将用粉质仪制备好的面团揉搓成短粗面条，将两端固定，中间挂钩向下拉，抗拉伸阻力以曲线的形式自动记录下来，称为拉伸图。拉伸图既反映面团强度和抗延伸阻力，又反映面团易流动性和延伸所需要的黏合力。从拉伸图可以测得面团延伸性、抗拉伸阻力、拉伸比、能量等指标。

(3)示功图

示功图是用法国晓本(Chopin)公司生产的吹泡示功仪(Alveograph，又称晓本拉伸仪)测定面团特性时得到的曲线图。测定原理与拉伸仪相似，不同的是它将面团制成厚圆面饼，夹在仪器特定装置上，将面团吹成泡状使面团变形。面团变形时所产生的阻力用仪器自动记录，形成示功图。从示功图可以得到面团张力、抵抗力、面团延伸性、面团比功等指标。

3. 烘焙与蒸煮品质

烘焙与蒸煮品质是衡量小麦加工品质的直接指标，结果客观、可靠。

(1)烘焙品质

烘焙品质一般通过烘烤面包的品质指标来反映，主要包括面包体积、比容、面包的纹理和质构、面包评分等。

(2)蒸煮品质

蒸煮品质主要指馒头、面条加工对小麦面粉品质的要求。由于研究历史较短，评价方法尚不统一，读者可查阅有关资料。

4. 其他品质指标

(1)面筋含量

先按照标准规程制作面团，再用手洗法或机洗法，洗去淀粉，留下面筋质，挤压去水，称重即得湿面筋重量。湿面筋在 100～104℃恒温箱中干燥 20 h 至恒重，冷却后称重，即得干面筋重量。按面粉重量换算成百分比表示。上述方法简便，但误差较大。

(2)沉降值

沉降值又名沉淀值，其原理是：一定量小麦粉在特定条件下，于弱酸介质作用下吸水膨胀，形成絮状物并缓慢沉淀，在规定时间内的沉降体积(mL)，即为沉降值。沉降速度与体积能够反映面筋含量和质量，测定值越大，表明面筋强度越大，烘焙品质就越好。沉降值测定分为洋仑尼法和 SDS 法(参见有关标准)。

二、小麦的清理流程

小麦的清理流程简称麦路，是由原粮小麦经一系列的处理达到入磨净麦要求的整个过程。因此，麦路不仅仅是进行小麦的清理，还包括小麦的搭配和水分调节等过程。

(一)小麦清理

1.小麦清理的目的

清理小麦在生长、收割、翻晒、贮存、运输等过程中混入的一些杂质,从而保证面粉的质量及气味,提高小麦制粉时的出粉率。

2.小麦初选

(1)风选法

利用小麦与杂质的空气动力学性质的不同进行清理的方法称为风选法。常用的风选设备有垂直风道和吸风分离器等。

(2)筛选法

利用小麦与杂质粒度大小的不同进行清理的方法称为筛选法。常用的筛选设备有振动筛、平面回转筛、初清筛等。

3.小麦精选

清除混杂在小麦中的一些与小麦差别不大的杂质称为精选。用来分离小麦中的荞麦、大麦等与小麦差别不大的杂质的机械称为精选机。精选机可分为碟片精选机、滚筒精选机和螺旋精选机三种。

(1)碟片精选机

碟片精选机的特点是产量较大,调节较方便,但物料对碟片的磨损较厉害,分选精度不高,较适合分级。

(2)滚筒精选机

滚筒精选机的特点是分选精度高,下脚含粮少,但产量较小,设备占地面积较大。

(3)组合精选机

按一定工艺流程将滚筒精选机和碟片精选机构组合起来的设备称为组合精选机,可以提高设备的处理量及除杂效果。

(4)螺旋精选机

螺旋精选机又称为抛车,是利用小麦与杂质粒形差别进行除杂的设备,除杂对象是荞麦、豌豆类球形杂质。

(5)精选工艺效果的评定

各类精选设备除荞麦、大麦类杂质的效率应≥75%。下脚中含正常麦粒应≤3%。

4.打麦

进入制粉流程的原料是整粒小麦,虽然清除了混入麦粒中的绝大部分杂质,但麦粒表面尚未达到理想的干净程度,因此在小麦入磨之前必须将黏附在表皮上和麦沟中的泥沙、尘土、有害微生物等污染物较彻底地清除,这个工序称为小麦的表面清理。

(1)打麦的目的

打麦的目的是打下麦粒表面的各种附着物。打麦的设备为打麦机。

(2)打麦机

常用的打麦机有卧式打麦机、立式打麦机及撞击机等。

(3)打麦工艺效果的评定

每经过一道打麦设备,灰分降低量应≥0.02%;每道打麦设备的碎麦增量应≤0.5%;下脚中完整麦粒含量应≤1%。

5.碾麦

(1)碾麦的目的与要求

通过碾削作用对小麦表面进行清理的工艺方法称为碾麦。碾麦设备在对小麦表面的碾削过程中,可较彻底地将小麦表面黏附的杂质碾去,还可碾去部分小麦皮层,对提高入磨小麦的纯度很有好处。常用的碾麦设备为碾麦机。

(2)碾展工艺的应用流程

采用碾麦方式清理工艺流程如图 2-1 所示。

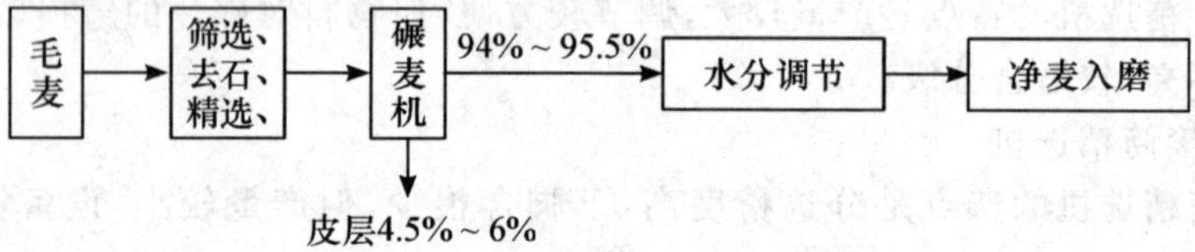

图 2-1　碾麦方式清理工艺流程图

毛麦经除杂后进入碾麦机,在进行表面清理的同时,还可除去 4.5%～6%的麦皮。因碾麦过程中已将表皮撕裂,小麦进入粉路后,麸皮易碎,因此目前碾麦工艺在生产较高等级的面粉的工艺中应用较少。与打麦机比较,碾麦机的动力消耗较高,操作也较复杂。

由于碾去了部分表皮,水分调节时间可缩短至 2～4 h,但麦路的部分胚乳已外露,着水后在润麦仓中极易板结。因此,采用该工艺时,小麦着水后在润麦仓中不能久留,一般应采用动态润麦的方法。

6.洗麦

(1)洗麦的作用

洗麦的主要作用是洗去麦粒表面的污染物,保证面粉质量。但洗麦需要大量净水，使用后的污水也需要净化处理，因而会增加生产成本。

(2)洗麦机

常用的洗麦机有两种：一种是FXMW去石洗麦机，它既能起洗除和着水的作用，又能起分离砂石的作用；另一种是FXML立式洗麦机，它能对麦粒起洗涤和温和的打麦作用，但不能分离砂石。洗麦过程还可增加小麦的水分，对于含水量低的小麦，可起到润麦作用。

(3)洗麦机工艺效果的评定指标

①小麦灰分降低0.02%～0.04%。

②产生的碎麦不超过0.5%。

③洗麦后小麦砂石含量应低于0.03%(入机小麦含砂量不大于0.3%的情况下)。

④有病菌的麦粒(黑穗病、赤霉病、麦角病)和残留的熏蒸药剂应得到最大限度的清除。

⑤小麦水分应符合工艺要求。

⑥排出的污水中不应含有食用价值的麦粒，污水净化处理质量应符合环境保护要求，污水中带走的干物质重量，不应超过小麦重量的0.3%。

(二)小麦的水分调节与搭配

1.小麦水分调节

(1)小麦水分调节含义和种类

小麦在制粉前利用水、热、时间三种因素的作用改善小麦性质的工艺，称为小麦的水分调节。小麦的水分调节分为室温水分调节和加温水分调节两种。

(2)小麦水分调节的目的

调整小麦水分，借以改变麦粒的物理和生物化学性质，使其适合于制粉工艺的要求，获得良好的工艺效果。

(3)小麦水分调节的作用

①使小麦有适宜的入磨水分，以适合制粉工艺的要求，保证制粉工艺过程的相对稳定，便于操作管理。

②保证面粉的水分符合国家标准。

③使小麦皮层韧性增加，在研磨过程中，便于保持麸皮完整，以刮净麸片上的胚乳，有利于保证面粉的质量及提高出粉率。

④在水分调节过程中，麦粒皮层与胚乳先后吸水膨胀，并产生位移，使皮层与胚乳间的结合力有所减弱，便于皮层与胚乳分离，有利于研磨。

⑤胚乳中所含的淀粉和蛋白质是交叉混杂在一起的，在水分调节过程中，由于

淀粉和蛋白质的吸水速度不同，引起两者颗粒间产生位移，使胚乳结构变得松散，强度降低，易于磨细成粉，有利于降低动力消耗。

(4)小麦室温水分调节的过程

小麦温室水分调节一般经过着水和润麦两个步骤。小麦经过着水设备着水后，通过螺旋输送机搅拌混合，使水分在麦粒间的分配较为均匀，然后送去润麦，使水分向小麦内部渗透。小麦着水后如果着水量达不到要求，可再经过第二次着水，然后再到润麦仓去润麦。小麦着水后的润麦时间一般为18～24 h，在加工硬麦或气温较低的地方时可适当加长润麦时间。

2.小麦搭配

将各种小麦按一定比例混合后加工称为小麦搭配。

(1)小麦搭配的目的

①保持生产过程及产品质量的相对稳定。

②合理利用原料，生产合格的产品，提高原料的使用价值与经济价值。

(2)小麦搭配的原则

按国家规定的面粉质量，进行小麦搭配，使之磨出符合质量标准的面粉。

(3)小麦搭配的要求

①为搞好原料的搭配，应使购入的原料符合拟定产品的要求。

②购入原料须分类存放，若造成互混则无法再进行准确的搭配。

③工艺过程中须具备较完善的搭配手段，可根据工艺要求对数种原料进行较准确的搭配。

④搭配比例一旦确定以后应保持相对稳定，若需调整时，应在完成后续设备的相应调整以后才可更改搭配比例。

(4)小麦的搭配方法

将分仓存放的不同性质的小麦同时打开仓门，由配麦器控制搭配比例，使小麦流入麦仓下的螺旋输送机或其他输送机中混合。也可先将各批小麦分别清理、着水、进入润麦仓，再由仓下的配麦器或放麦闸门控制搭配比例，在螺旋输送机中混合。

(三)麦路系统

小麦的清理、水分调节、配麦等流程即麦路系统。

1.影响麦路长短的因素

①小麦的含杂情况：包括含杂质的多少和含杂特点。杂质含量多，特别是含有较多不易清理的杂质，如土粒、荞麦、霉变籽粒等。清理的环节多，麦路就长；反之，麦路可短些。

②小麦的类型多少及含水量：对于较大规模的制粉厂，小麦原粮的类型多，每批粮食的工艺品质有较大差异，需进行合理搭配。含水量低，着水量则大，润麦时间长，麦路设置宜长些。

③面粉质量要求：小麦清理流程要求较高，特别是生产高等级面粉的工厂，对原料要求严格，杂质清理要彻底，水分调节要合适，麦路要长些。

④设备条件：小麦清理流程的各种设备性能好；效率高，可减少清理次数，麦路可短些，反之则应增加清理次数及环节。

2. 完整的麦路系统流程

完整的麦路系统流程如图 2-2 所示。

原料接收→初清圆筛→自动秤→初清振动筛→立筒仓→毛麦搭配仓→配麦器→磁选器→振动筛→去石机→组合精选机→卧式打麦机→平面回转振动筛→自动着水机→润麦仓→配麦器→（着水混合机→二次润麦仓→配麦器）→磁选器→卧式打麦机→平面回转振动筛→喷雾着水机→净麦仓→自动秤→磁选→波磨粉机

图 2-2　完整麦路系统流程图

3. 入磨净麦的质量要求

①尘芥杂质（包括有机杂质、无机杂质、有害杂质以及不属于食用的作物种子）不超过 0.3%，其中砂石不超过 0.02%，粮谷杂质（异品种粮粒以及小麦的干瘪粒、虫蚀粒、发芽粒、霉坏粒等）不超过 0.5%。

②小麦经过清理后，灰分降低不少于 0.06%。

③保证适宜的入磨净麦水分。

三、小麦研磨制粉工艺

研磨制粉是利用研磨、筛理、清粉等设备，将净麦的皮层与胚乳分离，并把胚乳磨细至粉，或经过配粉等处理，制成各种不同等级和用途的成品面粉。小麦制粉流程简称粉路，主要包括研磨、筛理、清粉、刷麸等环节。

常用的研磨设备是辊式磨粉机，辅助研磨设备是松粉机。

主要筛理设备是高方平筛，辅助筛理设备有圆筛和打麸机。

清粉设备用来提纯麦渣、麦心等物料，常用的清粉设备为复式清粉机。

（一）制粉过程中的系统设置

在粉路中，由处理同类物料设备组成的工艺体系称为系统，通常一个系统中应设置多道处理设备。

制粉过程一般设置皮磨、心磨、渣磨和清粉系统。皮磨和心磨系统是制粉过程的两个基本系统，其中每一道都配备一定数量的研磨、筛分设备。各系统作用如下所示。

1. 皮磨系统

剥开小麦，在保证皮层不过度破碎的前提下，逐道刮净皮层上的胚乳，提取量多质优的胚乳粒和一定质量与数量的面粉。

2. 心磨系统

将各系统提供的较纯净的胚乳粒逐道研磨成具有一定细度的面粉，并提出麸屑。通常还配置尾磨，用以研磨前、中路心磨分离出的麸屑及较粗粒。

3. 渣磨系统

对前、中路提供的连麸胚乳粒进行轻研，使皮层与胚乳分开，从而得到纯净的麦心，并将麦心送往心磨制粉。

4. 清粉系统

对前、中路提取的麦渣和麦心进行提纯、分级，再分别送往相应的研磨系统处理。

5. 配粉系统

将不同面粉分别存放，再按一定比例搭配、添加和混合配制成各种不同用途的成品面粉。

(二)研磨效果的评定

研磨效果是指物料通过各道研磨的剥刮率和取粉率。

(三)研磨设备

研磨是小麦制粉的主要环节。研磨过程可完成将麦粒破碎，刮净麸皮上的胚乳，将胚乳磨成面粉的任务。研磨主要采用辊式研磨机，其主要构件是一对以不同速度相向旋转的磨辊，两磨辊间轧距很小，在 0.07～1.2 mm，根据磨的类型而定。磨辊表面拉成齿数和齿角不同的磨齿。通过液压装置调整两个磨辊的轧距，两磨辊在相向旋转过程中，完成对麦粒及各种在制品的研磨。

1. 磨的种类

由于工作要求不同，辊式研磨机分成不同类型，其差别主要是磨齿的多少，齿角的大小、排列，两磨数量级的转速及转速差和磨辊间的轧距大小等。

(1)皮磨

皮磨的任务是破碎麦粒，并刮净皮层上的胚乳。皮磨又分为前路皮磨和后路皮磨，第一道皮磨负责研碎麦粒，以后各道皮磨负责把较大麸片上的胚乳刮净，各道皮磨在工艺上构成皮磨系统，生产上根据工艺要求控制各道皮磨的研磨效果。

(2)渣磨

渣磨用于处理第一道皮磨下来带有部分皮层的较大胚乳颗粒，用轻碾的方法碾除麦渣颗粒上的皮层，然后将麸皮和胚乳颗粒分流到其他系统处理。

(3)心磨

心磨的任务是将皮磨和渣磨下来的粗细麦心研磨成面粉。

2. 磨粉机

磨粉机一般由五部分组成：磨辊、喂料机构、轧距调节机构、传动机构、磨辊清理机构。

(1)磨辊

物料在两个磨辊间研磨。

(2)喂料机构

喂料机构主要作用有以下几点。

①稳定入机流量。

②使物料均匀分布在磨辊的整个长度上。

③将物料准确地喂入研磨区。

④与磨辊的离合闸动作联锁，合闸时喂料，离闸时停料。

(3)轧距调节机构

轧距调节机构的主要作用有以下两点。

①完成磨辊的合、离闸动作。

②方便、准确地调整轧距。

(4)传动机构

传动机构通常有两部分：一部分是给磨辊、喂料辊传递动力，一般采用皮带传动；另一部分是设置在快、慢辊之间，保持两辊间准确、稳定的传动比，并称定速机构，其传动形式有齿轮、双面圆弧同步带和滚子链等三种。

(5)磨辊清理机构

磨辊清理机构的作用是清理辊面的黏附物，保持辊面的正常状态，保证研磨效果。

3. 松粉机

(1)松粉机的作用

在生产等级粉时，心磨系统一般采用光辊。由于光辊研磨以挤压为主，很容易将物料挤压成片状，若直接送往筛理，则影响筛理效果和实际出粉率。因此，光辊的磨下物在筛理之前，需经松粉机处理，击碎粉片。松粉机有撞击和打板两种。

(2)撞击松粉机

撞击松粉机的工作原理类似撞击打麦机，利用高速旋转的转子撞击物料，使之粉碎。撞击松粉机适应于处理前路心磨磨下物，该机主要由撞击机构、机壳及电机组成，松粉作用强烈。

(3)打板松粉机

打板松粉机的打击机构为打板叶轮，该机松粉作用缓和、体积小、动耗低、安装灵活，可用来处理渣磨和中、后路心磨研磨后的物料。

(四)筛理

1.筛理的目的和效果评定

在制粉过程中，小麦经磨粉机逐道研磨后，获得颗粒大小及质量不一的混合物料，利用各种设备将其按颗粒大小分级的工序，称为筛理。

(1)筛理的目的

筛理的目的是从磨下物中筛出面粉，将在制品按颗粒大小分选出来，分别送入下一道磨继续进行剥刮和研轧，在制粉过程中，各道筛理设备若不能将磨下物中的面粉及时提出，将使后续设备负荷增大，产量降低，动耗增加，研磨效率下降；若对磨下物不进行分级就可能使后续各系统流量分配不平衡。

(2)筛理效果的评定

通常用筛上物中残留应筛下物料的数量，即未筛净率对筛理效果评定。

$$未筛净率=\frac{筛上物中残留数量}{样品中筛下物数量}\times 100\%$$

测定方法是：从设备筛上物出口取样品 100 g 左右，采用配备与筛理设备相同筛号的检验筛筛理 1 min，称取筛下物数量，然后用上式进行计算。粗筛、分级筛未筛净率小于 10%；粉筛的未筛净率一般为 15%～20%。

(3)各种物料允许的未筛净率指标

皮磨系统上层筛上物内不超过 15%；心磨系统上层筛上物内不超过 20%；皮磨和心磨系统底层筛上物内不超过 20%；各系统的粗粉内不超过 25%。

2.筛理设备

(1)平筛

平筛是面粉厂中主要的筛理设备。因其筛面为水平装置，且整个筛体在工作时作平面回转运动，故称为平筛。其主要特点是筛理面积大，分级种类多。

平筛的筛格形状有正方形和长方形两种，目前常用安装多格正方形筛格的高方平筛。高方平筛采用正方形筛格，并以 16～24 层筛格重叠成较高的筛体。

(2)圆筛

圆筛是一种强迫筛理设备，有卧式与立式两类，常用的是立式振动圆筛。

3.刷麸机和打麸机

中、后路皮磨平筛提取的麸片上大多还黏附有粉料，若继续研磨对工作效率不利，所以在研磨前，通常对这些物料采用打麸机或刷麸机进行处理。

刷麸、打麸是利用旋转的扫帚或打板，把黏附在皮上的粉粒分离下来，并使其穿过筛孔成为筛出物，而麸皮则留在筛内。刷麸、打麸工序设在皮磨系统尾部，是处理麸皮的最后一道工序。

刷麸机是一个立式的圆筒形，圆筒里面装有快速旋转的刷帚，当物料自进口落在刷帚上盖上时，受离心力的作用，物料被抛向刷帚与筛筒的间隙中，在刷帚快速旋转的作用下，麸皮上的胚乳即被刷出筛孔外，落入粉槽，由附在筛筒下面的刮板刮到出口。刷后的麸皮留在筛筒内，由内部的出口输出。

打麸机与刷麸机比较，其单位筛面处理量大，打麸作用也较强烈。

打麸的过程是：物料沿打板转子的切线方向进入机内，在高速旋转的打板打击下，使黏附在麸片上的粉粒被打下，穿过筛筒，经出粉口排出机外，而麸片则被打板送往出麸口排出。

打麸机分为立式和卧式两种。

4.清粉

按品质对粒度相近的在制品(麦渣、麦心或粗粉)进行提纯分级称为清粉。

(1)清粉的目的

平筛提取的渣心物料中常含有少量相同粒度的麸皮或连皮胚乳，这样的物料送往心磨研磨，对面粉质量将有不利的影响。清粉的目的就是分离碎麸皮和纯洁粉粒，提高面粉质量，并可降低物料温度。清粉得到的纯洁粉粒，送入心磨制粉。

(2)清粉的设备

清粉所使用的设备为清粉机。

清粉是筛理和吸风作用相结合进行的，清风设备主要由筛格和吸风装置组成。工作时，筛格震动，分离物料并抖松筛上物料，增加吸风清理效率。气流从筛绢下向上将物料中的细小麸皮及连麸粉吹起，并分别进入不同的收集器。

(3)清粉效果的评定

清粉机的效果一般采用筛出率和灰分降低率两项指标综合评定。

①筛出率：指清粉机各段筛下物流量与进机物料流量的百分比。

$$\eta_q=\frac{q}{Q}\times 100\%$$

其中，η_q 为筛出率(%)，q 为筛下物流量(kg/h)，Q 为进机物流量(kg/h)。其他条件相同，筛出率高的设备效果好。

②灰分降低率：指物料经清粉后，筛下物灰分较进机物料降低的程度。

$$\eta_z=\frac{z_1-z_2}{z_1}\times 100\%$$

其中，η_z 为灰分降低率(%)；z_1 为进机物灰分(%)；z_2 为筛下物灰分(%)。其他条件相同，灰分降低率高的设备效果好。

一般情况下，进机物料品质好，清粉后筛出率高，灰分降低率较低；对品质差含皮层多的物料，清粉后灰分降低率高，筛出率低，在评定清粉效果时，要两项指标综合评定。

(五)小麦制粉流程——粉路

将研磨、筛理、清粉、刷麸等制粉工序组合起来，对净麦按一定产品等级标准进行加工的生产工艺过程称为制粉流程。物料在此过程以粉状流动又称之为粉路。由于小麦的品种不同，面粉种类和出粉率要求不一，制粉流程的组合及各工序的技术指标和操作方法有很大差异。粉路直接影响小麦加工的产量、产品质量、出粉率、动力消耗及单位成品成本等技术指标。因此，按照小麦制粉的基本规律，合理地组合粉路是小麦加工取得良好生产效果的重要因素。

1. 制粉方法

(1)不提麦心、麦渣的逐道研磨制粉

小麦经4～5道研磨筛理，逐步提取面粉，并分出麸皮的制粉方法。其过程如图2-3所示。这种制粉方法工艺简单，但面粉质量差，多用于农村单机生产或几台磨粉机组合生产。

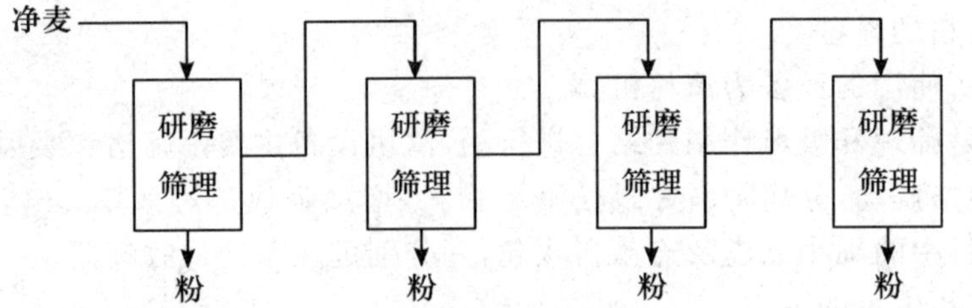

图2-3 不提麦心研磨筛理图

(2)提取麦心、麦渣的分系统研磨制粉

小麦在逐道研磨时，除提取面粉外，还将麸片、麦渣、麦心和粗粉分开，然后按照质量和粒度不同，分别送入皮磨、渣磨、心磨系统进行研磨，如图2-4所示。

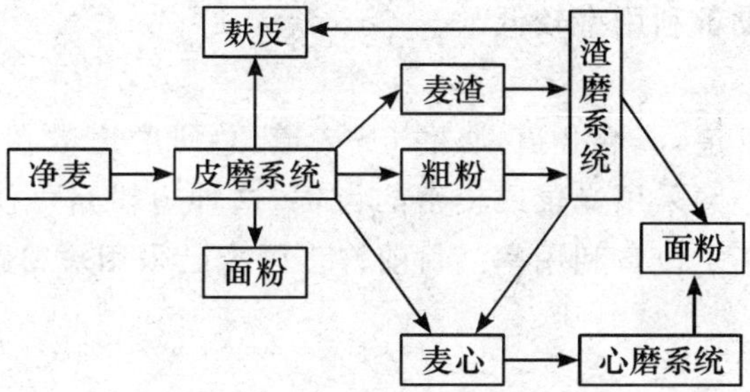

图 2-4　提取麦心研磨筛理图

(3)提取麦心、麦渣并进行清粉的制粉

先从小麦及麸片上提取数量多,质量好的麦渣、麦心和粗粉,按其粒度和质量分成若干等级,送入不同的清粉系统精选,提取出纯净的胚乳颗粒,送入相应的心磨系统,心磨用光辊将胚乳颗粒研磨成粉,且防麦麸破碎混入面粉;同时渣磨系统对物料轻微剥刮,使麦皮与胚乳分开,以得到相对纯净的胚乳颗粒供心磨系统研磨,如图 2-5 所示。

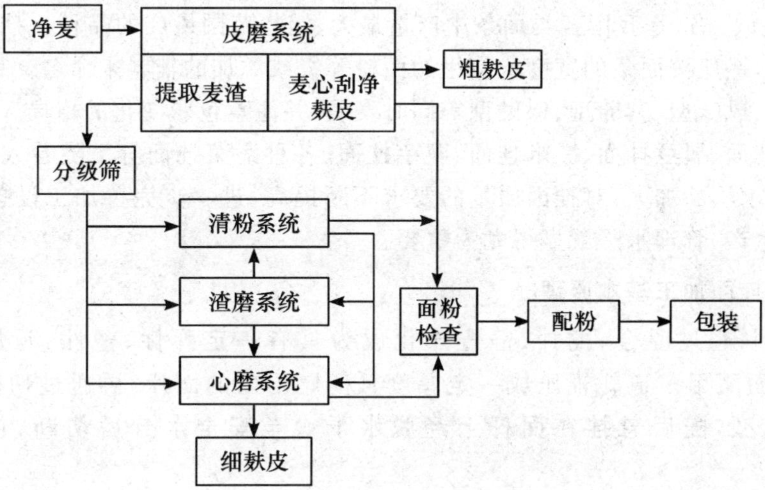

图 2-5　提取麦心并清粉的研磨筛理图

2. 粉路类型

(1)长粉路

皮磨系统 5 道以上,渣磨系统 2 道以上,心磨系统 9 道以上,总研磨系统超过 16 道以上,有的高达 20 道。这种长粉路使用清粉机较多,皮磨系统磨辊采用齿辊,心磨采用光辊。这路粉路提取高等级面粉出粉可高达 72% 以上,灰分仅为

0.4%～0.5%，但设备利用率较低。

(2)短粉路

皮磨一般4～5道，渣磨2道，心磨6～9道，总研磨道数在12～16道，清粉机的使用数量较少，心磨采用光辊或较密的齿辊，这种短粉路可使单位产量增加，降低了生产成本，提高了设备利用率。目前许多国家已采用短粉路生产等级粉，生产经济效果较好。

(3)简易粉路

皮磨4～5道，渣磨0～1道，心磨3～5道，总研磨道数在10道左右。这种粉路产量及生产效率高，但提取高等级面粉较困难。我国标准粉的生产大都采用这种粉路。

四、加工挂面

(一)挂面加工发展现状

挂面又称为卷面、筒子面等。挂面由湿面条挂在面杆上干燥而得名，年产量现为160万t左右，是我国各类面条中产量最大、销售范围最广的品种。挂面的花色品种很多，一般按面条的宽度或使用的面粉等级或添加的辅料来命名。目前，已形成主食型、风味型、营养型、保健型等同时发展，并注意色彩变化的格局。如荞麦挂面、玉米挂面、黑豆挂面、黑米挂面、魔芋挂面、各种蔬菜挂面等。随着人们对挂面品种的需求不断加大，对挂面质量的要求不断提高，进一步完善加工设备、加工工艺，提高生产、管理水平就显得尤为重要。

(二)挂面加工基本原理

原辅料经过混合、搅拌、静置熟化成为具有一定弹性、塑性、延伸性的面团，将该面团用多道轧辊压成一定厚度且薄厚均匀的面片，再通过切割狭槽进行切条成型，随后悬挂在面杆上经脱水干燥至安全水分后切断、包装即为成品。

(三)挂面生产工艺

挂面生产工艺流程如图2-6所示。

原辅料→和面→熟化→压片→切条→湿切面→干燥→切断→计量→包装→检验→成品

图2-6 挂面生产工艺流程图

(四)挂面生产主要工序

1. 和面

和面是挂面生产的第一道工序。和面的目的是为了使面筋蛋白质充分吸水后膨胀形成面筋网络，同时淀粉也吸水膨胀，并包裹在面筋网络中，形成具有适当的弹性、延伸性和可塑性的面团。反映在感官上要求面团成散豆腐渣状、干湿适当、色泽均匀，不含生粉，以手握成团，用手轻轻揉搓后仍能松散成颗粒状为宜。

和面的效果受到面粉质量、加水量等的影响。要选择较强的面筋质和较高的面筋含量的面粉，以防止后道工序操作断条，保证成品质量高。

加水量应考虑小麦粉的品质(面筋含量)、加碱量和加盐量。一般加水量控制在小麦粉质量的25%～32%。小麦粉加工精度高，蛋白质含量高，应多加水，反之则少加水。食盐和碱的添加会影响面筋收敛而减少其吸水量。夏天生产可适当少加水，冬天要多加一些。加水量不足，小麦粉吸水不均匀，不能形成均匀的面团，会影响面条的质量；加水量过高，面团过于潮湿，会给辊轧、切条造成困难，而且过于潮湿的面条在悬挂烘干时会因自重拉伸而断条，还会增加干燥时的能量消耗。

由于在和面过程中机械力的搅拌、摩擦作用会使面团温度有所升高，和面水温通常掌握在25～30℃，最高不超过40℃。面粉吸水、原料混匀需一个过程，一般时间控制在15～20 min，最短不得低于10 min，否则面条成品易酥断。机械加工转速采用70～110 r/min。目前生产上普遍使用的和面机有立式和卧式两种，立式和面机容量较小，卧式和面机具有单轴和双轴之分，小容量的为单轴，大容量的为双轴。

2. 熟化

“熟化”就是让和好的面团在专用的容器里静置一段时间，让蛋白质能比较充分地吸水膨胀，形成较好的面筋网络结构，改善面团的工艺性能。因此，“熟化”有利于面筋的进一步形成；有利于面团的匀质化；有利于下道工序均匀地喂料。熟化所需的时间一般为10～15 min，熟化机转速一般不超过10 r/min，机内储料要控制在2/3以上。

3. 压延和切条

压延的作用是成型和揉捏，将松散的坯料压成为一定厚度的带状面片，并使面筋成为细密的网状组织，在面带中均匀分布。熟化以后的面团送入轧面机，经过5～7道做相对旋转的轧辊，压延成厚度为1～2 mm的面片，为下一道的切面成型工序做好准备。

轧面工艺有单片轧片和复合轧片两种，复合轧片是将熟粉首先经过两对并列的初轧辊轧成两条面片，然后通过一对轧辊复合成一条面片，再进行逐道压延，轧成所需要厚度的面片，而单片轧片是熟粉直接经一对轧辊压成一条面片，再经逐道压延，普遍认为复合轧片的效果优于单片轧片。

影响面团压延效果的两个主要因素是压延比和压延速率。

压延比，又称压薄率，指在轧片过程中面片进出某道轧辊的厚度差与进入前厚度的比值。

压延比一般不大于50%，太大会破坏面片内部的网状组织。压延比与压延道数有关。一般复合阶段压2～3道，压延阶段压4～5道。前后各道比较理想的压延比依次为50%、40%、30%、25%、15%、10%。压延速率过高，面带会受到过度的拉伸，容易破坏已形成的面筋，影响面带的表面光滑度；速率过低，面带受压时间长，表面光滑，但影响产量。一般规定末道轧辊速度不大于0.6 m/s。

切条工序的要求是切成的面条表面光滑，厚度均匀，宽度一致，无毛边，无并条，落条、断条要少。

4. 烘干和缓酥

挂面的烘干是非常重要的环节。挂面烘干有自然干燥和人工(强制)干燥两种方法。工业化生产都采用人工干燥的方法。

当湿面条进入烘干室与热空气接触时，面条表面首先受热温度上升，使水分蒸发扩散到周围的介质中去，这一过程称为“表面汽化”。随着表面汽化过程的进行，造成面条表面水分较低而内部水分仍较高的局面，由此产生“内外水分差”。当热空气的能量逐渐转移至面条内部后，将使面条内部温度上升，由于内外水分差所产生的推动力，内部水分向表面转移，这一过程称为“水分转移”。随着表面水分汽化与内部水分转移两过程的不断进行，面条逐渐被烘干。

理想的情况是内部的“水分转移”与“表面汽化”速度相等，实际操作有一定的难度。由于面条有比较大的表面积，与热空气接触后，吸收能量比较快，“表面汽化”速度也比较快。但面条是不良热导体，导热系数小，热空气的能量向内部转移的速度很慢，这样就造成了内部“水分转移”速度低于“表面汽化”速度。当两者的速度差超过一定限度时，由于内外干燥速率不一致，面条内部将出现内应力，它会破坏完好的面筋结构。虽然烘干后的面条表面没有异样，肉眼看不出质构被破坏的现象，但经过一段时间或用手轻轻一捏，就会断成很碎的断面。所以，挂面烘干的关键是要控制内部的“水分转移”速度与“表面汽化”速度，使内部“水分转移”的速度等于或略大于“表面汽化”的速度。一方面，采用低温慢速烘干的工艺，降低

“表面汽化”速度，增加内部“水分转移”的时间；另一方面，采用高温、高湿烘干工艺，在不加快表面水分汽化速度的前提下，通过提高内部温度来增加内部水分向外部转移的速度。

低温、慢速烘干的挂面质量好，在煮食时不酥不糊，柔韧爽口。但这种方法干燥时间长达 8 h，烘房面积要很大。高温快速烘干法，干燥时间只需 2 h 左右，但挂面质量不稳定。

根据挂面的物理特性和干燥的特殊要求，挂面的烘干室应分成预干燥区、主干燥区和完成干燥区。根据挂面的品种、季节、天气，应灵活控制各区的温度和湿度，主要技术参数见表 2-1。

表 2-1　预干燥区、主干燥区和完成干燥区主要技术参数

项目	干燥阶段温度/℃	相对湿度/%	占总干燥时间/%	风速/(m/s)
预干燥区	25～30	80～85	15～20	1.0～1.2
主干燥区	35～45	75～80	40～50	1.5～1.8
完成干燥区	20～30	55～65	20～40	0.8～1.0

“保湿烘干”是保证挂面质量行之有效的措施。在挂面烘干过程中，调节烘干室内部的温度和排湿量，保持一定的相对湿度，以控制挂面表层水分的蒸发，防止因表里干燥速度不一而影响挂面质量。

挂面的烘干过程可以分为 4 个阶段。

第一阶段：冷风定条，自然蒸发挂面表面的水分，使面条水分降到 28% 以内。

第二阶段：保潮出汗，保持很高的相对湿度，同时加热，使面条内部的水分向外扩散，使面条水分降到 25%以内。

第三阶段：升温，在高温低湿环境下使水分迅速蒸发，使面条水分降到 16% 以内。

第四阶段：降温散热，散发面条的热量，再蒸发部分水分，使面条水分达到 12.5%～14.5%。

挂面烘干时间是保证挂面质量的一个重要条件，应不低于 3.5 h。烘干时间短，容易造成挂面“外干内潮”和表里收缩不一，甚至产生酥面；烘干时间过长则生产效率低。

挂面的烘干设备，按烘干过程中面条的运动方式分类，有固定式和移动式两大类。移动式又分为多行运行(隧道式)和单行运行(索道式)两种。

挂面的导湿性能比较差。所以，刚从烘房里出来的挂面其内部的湿热传递不会骤然停止，而是逐步减弱，直到挂面外层和外界空气的温度相对平衡，其水分才会稳定，组织形状才会固定下来，这一过程在工艺上称为挂面缓酥。缓酥的时间不应少于12 h。

挂面表面出现明显的或不明显的龟裂纹，外观呈灰白色且毛糙，折断时截面很不整齐，加水烧煮时会断成小段，这种现象称为酥面。产生酥面的原因有：原料方面，小麦粉的筋力太低，可能是受害小麦加工成的小麦粉或小麦粉未经后熟过程；和面工艺控制不当；压片操作时，厚薄不均匀，紧密的程度差异太大；烘干过程中外层“硬结”，冷却又过快，热面遇到冷风；湿挂面断头回机的比例太高等。

5. 切断、称量与包装

烘房出来的挂面，总长为1.2～1.6 m。作为产品需将其切断并包装出厂。干燥好的面条要切成一定长度，成品挂面长度一般为200 mm或(240±10) mm，然后称量、包装，以便于运输、贮存、销售。切断断头率控制在7%以下。常用的切断装置有圆盘式切面机和往复式切面机。目前在我国应用较为广泛的切断设备是圆盘式切面机。

称量有人工称量和自动称量两种。称量的一般要求是计量要准确，要求误差在1%～2%。

目前我国挂面包装多采用塑料热合包装机和全自动挂面包装机来完成包装。

6. 断头处理

在挂面生产中，不可避免地要产生断头，干断头量一般占成品的15%～20%，这些断头经处理后再回机加工。断头处理的好坏，直接影响着挂面质量和挂面生产的经济效益。为了保证挂面的质量，必须控制断头的掺入量，国内一般控制在15%以下。

挂面厂的断头可分为湿断头、半干断头、干断头三种，处理的方法也不一样。

(1)湿断头

湿断头是指在切条、挂条时落下的断头及上架过程中落下的断头，这部分断头的性质与和面机中原料小麦粉性质比较接近，一般厂都及时送入和面机中与小麦粉混合搅拌，然后进入下道工序，湿面头回机也要计量，不要过于集中，要注意不能使和面机超负荷。

(2)半干断头

半干断头是指在烘房中，冷风定条及高温区落下的断头，这部分断头所含水分不一致，与原料面粉的性质不一样，不能直接回入和面机中。常用的处理方法有两种：一种是把断头浸泡后加入和面机与小麦粉混合搅拌；另一种方法是将断头干燥经粉碎后加入和面机中与粉料一起混合搅拌，然后进入下一道工序。

(3)干断头

干断头是指烘房降温冷却阶段落下的断头，以及在切断、包装过程中产生的断头，这些断头不能直接加入和面机内，需经处理后再使用。

(五)特色挂面

1. 水果蔬菜风味挂面

将水果、蔬菜搅打成浆状物，并用环糊精进行包接处理，使之在和面和面条烹煮过程中不会溶出，并可保持良好的色泽风味。这类挂面有南瓜挂面、胡萝卜挂面、柚子挂面、柚子皮挂面、海藻面条、梅肉紫苏面等。

2. 营养保健挂面

在挂面中添加一些具有营养、滋补、保健作用的传统保健品，制成具有保健功能的面条。可以将原料粉碎后添加到小麦粉中，也可以先将有效成分提取后再添加到小麦粉中。这类挂面有芦荟挂面、茶汁挂面、杜仲挂面、薏米挂面等。

3. 其他风味挂面

在普通挂面的配方中，添加鱼、肉、蛋、虾籽、大豆蛋白以及各种调味料，既可以提高挂面的营养价值，又可以增加挂面的风味。这类挂面很多，有鱼面、肉面、鸡蛋面、虾籽面、豆粉面、辣味面等。

(六)挂面质量标准

挂面应该平直、光滑、不酥、不潮、不脆，有良好的烹调性能和一定的抗断强度。参见 SB/T 10068—92 中华人民共和国行业标准《挂面》和 SB/T 10069—92 中华人民共和国行业标准《花色挂面》。

1. 技术要求

标准中规定，挂面的长度有 180、200、220 和 240 mm 几种规格，厚度可以是 0.6～1.4 mm，宽度为 0.8～10.0 mm。

2. 感官要求

色泽正常，均匀一致；气味正常，无酸味、霉味及其他异味；煮熟后口感不黏，不牙碜，柔软爽口。

3. 理化要求

挂面的理化指标见表 2-2。

表 2-2　挂面的理化指标

等级	水分/%	pH	不整齐度/%	熟断条率/%	烹调损失/%	弯曲折断率/%
一级	≤14.5	≤4.0	≤8.0	0	≤10.0	≤5.0
二级	≤14.5	≤4.0	≤15.0	≤5.0	≤15.0	≤15.0

4. 卫生要求

无杂质，无虫害，无污染；添加剂符合 GB 2760—81 规定；卫生指标符合 GB 2726—81。

五、加工方便面

（一）方便面的发展现状

方便面，又称快食面、即食面，是在传统面条生产的基础上应用现代科学技术生产的一种主食方便食品。它既可直接食用也可用开水浸泡或速煮，食用、保存、携带均方便。方便面最大的优点是食用方便，只需用热水浸泡几分钟即可食用，而且内附各种调味汤料，可以满足不同的口味需求。方便面的花色品种很多，从生产上可分为油炸方便面和非油炸方便面，按包装可分为袋装、杯装和碗装等。方便面通常是以所附带的汤料来命名的，如红烧排骨面、麻辣牛肉面、西红柿鸡蛋打卤面等。

（二）方便面的原辅料

1. 面粉

生产方便面的原料是小麦粉。油炸方便面的小麦粉加工精度要求达到特制一等粉的标准，面筋含量为 32%～34%，筋力较强；用作非油炸方便面的小麦粉，面筋含量要求达到 28%～32%。使用高筋力粉可制得弹力强的面条，但糊化时间长且成本较高。实际生产中，可通过在高筋力粉中掺以一定量的中筋力粉进行调整。

2. 油脂

油脂的品质对方便面的品质和货架期都有重要影响。对油炸方便面来说，油脂质量占到方便面质量的 20%左右，占总成本的 50%左右。油炸方便面用的油脂，应该口味好、价格低、性质稳定、保存性好、烟点高。目前大部分生产企业是使用棕榈油。棕榈油所含亚油酸、亚麻酸低于其他植物油，因而化学性质比较稳定，在低温和高温下发生氧化、分解反应的速度相对较慢。

3. 水

方便面生产中要求选用软水，其水质要求见表 2-3。

表 2-3　方便面生产水质要求

含铁量/mg/L	硬度	有机物/mg/L	含锰量/mg/L	碱度/mg/L	pH
＜0.1	中等硬度	＜1	＜0.1	＜30	5～6

4. 食盐

食盐主要起强化面筋筋力的作用，其次是起增味、防腐作用。在和面时加入面粉质量 2%～3%的食盐。

5. 碱

加碱能有效强化面筋，并使方便面蒸煮速度加快、复水性好，口感爽滑不黏口，不会出现浑汤现象。一般可选用碳酸钾、碳酸钠、磷酸钾等，用量以 0.1%～0.2%为宜。

6. 添加剂

方便面中使用的添加剂主要有在面条中使用的品质改良剂、色素，以及在油中使用的抗氧化剂等。品质改良剂有：复合磷酸盐（磷酸二氢钠、偏磷酸钠、聚磷酸钠、焦磷酸钠的混合物）、羧甲基纤维素（CMC）、单硬脂酸甘油酯、聚丙烯酸钠、瓜儿胶、魔芋精粉、海藻酸钠、黄原胶、卵磷脂及变性淀粉等，用量一般为 0.2%～0.4%。添加剂可以增加面条的弹性，改善口感等。油中使用的抗氧化剂主要有 BHA 和 BHT 等。

（三）方便面生产工艺

1. 工艺流程

方便面生产工艺流程如图 2-7 所示。

和面 → 熟化 → 压片、切条和折花 → 蒸面 → 切断及折叠 → 脱水 → 冷却 → 包装

图 2-7　方便面生产工艺流程图

2. 操作工序

（1）和面

和面是通过和面机的搅拌、糅合作用，将小麦粉及其他辅料拌和成具有良好加工性能的面团。

和面的加水量一般控制在小麦粉质量的 25%～32%，具体的加水量根据小麦粉的品质（蛋白质和损伤淀粉含量）、加碱量、加盐量及加工工艺而定。小麦粉加工精度高，蛋白质含量高，应多加水，反之则少加水；食盐和碱的添加会影响面筋收敛而减少其吸水量。夏天和面水可适当少加，冬天要多加一些。加水量不足，小麦粉吸水不均匀，不能形成均匀的面团，会影响面条的质量；加水量过高，面团过于潮湿，会给辊轧、切条造成困难，而且，过于潮湿的面条在悬挂烘干时会因自重拉伸而断条，还会增加干燥时的能量消耗。和面水温在 25～30℃，夏季时间控制在 7～8 min，冬季为 10～15 min。

经过一定时间的搅拌，小麦粉与水、辅料充分混合均匀，形成具有弹性、韧性、延伸性、黏性的可塑面团。

(2)熟化

熟化的作用是使水分最大限度地渗透到蛋白质胶体粒子的内部，使之充分吸水膨胀，互相粘连，进一步形成面筋网络组织。将调粉机中和好的颗粒状面团静置或在低温条件下低速搅拌一段时间，使面团达到加工面条的最佳状态。熟化设备依其结构分为立式、卧式和输送带式。目前生产中能实现连续生产的是采用立式熟化机。其搅拌杆的转速一般为 5 r/min，熟化时间一般控制在 20 min 左右，熟化温度在 25℃左右。

(3)压片、切条和折花

压片与切条是将松散的面团转变成湿面条的过程，其工序同挂面的加工。切条是在切面机上完成的。在连续化生产中，切面机安装在压延机的后端，切面机由切条刀和切断刀组成。

折花是将面条制成波峰竖起、前后波峰相靠、连绵不断、波浪起伏的特殊形状波纹，以防止蒸面时面条相互粘连，加快脱水时的水分蒸发。面条线速度和成型传送带的线速度是影响成型效果的主要因素。速比大，波纹密，速比小，波纹稀。

(4)蒸面

蒸面是利用蒸汽使淀粉受热糊化和蛋白质变性，由生面制成熟面的过程。适当延长蒸面时间，提高面条的糊化度，可改善面条的食用品质。蒸面用的蒸汽压力为 1.5～2 kg/cm^2，蒸面时间为 60～90 min。

蒸面是在连续式自动蒸面机上进行的。波纹面块放置在不锈钢丝编织的输送带上，进行蒸煮。根据输送带的安放角度水平与否，蒸面机分为水平式、倾斜式两种；根据输送带的层数分为单层蒸面机、多层蒸面机(常为三层)。单层蒸面机的长度一般较长，常在 30 m 以上，而三层蒸面机的长度较短，一般为 10～15 m。

(5)切断及折叠

从连续蒸面机出来的熟波纹面带通过一对做相对旋转运动的切刀和托辊，使其按一定长度被切断；与此同时，曲柄连杆机构上做往复运动的折叠板正好插在被切断面块的中部，将其送入折叠导辊与分排输送带之间，然后面块被折叠进来。

(6)脱水

面块干燥有热风干燥和油炸干燥两种。热风干燥是用低湿度的热空气使面条中的水分气化。一般干燥机内温度为 70～90℃，相对湿度低于 70%，干燥时间为 35～45 min，干燥后的方便面的水分低于 12%，一般在 8%～10%。

方便面油炸连续化生产一般采用方便面自动油炸机，将煮熟的面块放入140～150℃的棕榈油中进行脱水。

(7)冷却与包装

方便面的冷却是在冷却机内进行的。冷却机由机架、冷却隧道、冷却风扇、不锈钢丝输送带及传动设备组成。经3～4 min冷却，待面块温度降至稍高于室温(约5℃)后，进行包装。在包装前应进行金属探测和质量检查。面块与调味料用复合包装材料(OPP/PE等)由自动包装机包在一起并标明生产日期。

3. 方便面质量要求

(1)感官指标

①色泽：呈均匀的乳白色或淡黄色，无焦、生现象，正反两面可略有深浅差别。

②气味：气味正常，无霉味、哈喇味及其他异味。

③形状：外形整齐，花纹均匀。

④烹调性：面条复水后，应无明显断条、并条，口感不夹生，不粘牙。

(2)重量

每块面净重应符合标志重量，误差应小于±3%。

(3)理化指标

方便面的理化指标见表2-4。

表2-4　方便面理化指标

类型	水分/%	含油/%	酸价(以脂肪计)/(mg KOH/g)	过氧化值(以脂肪计)/(meq/mg)	α度/%	氯化钠/%	复水时间/min
油炸面	≤3.0	≤24	≤1.8	≤0.25	≥85.0	≤2.0	≤4
风干面	≤12.0	—	—	—	≥80.0	≤2.0	≤6

(4)卫生要求

方便面内不应混有异物、焦渣；添加剂应符合GB 2760的规定；细菌指标按照GB 7100的规定执行；原辅料应符合有关食品卫生标准规定。

相关标准

粮油工业用图形符号、代号、通用部分(SB/T 10228—1994)

粮油工业用图形符号、代号、制粉工业(GB/T 12529.2—1990)

面条类生产工业用术语(LS/T 1104—1993)

小麦粉(GB 1355—1986)

高筋小麦粉(GB/T 8607—1988)

低筋小麦粉(GB/T 8608—1988)

挂面(SB/T 10068—92)

花色挂面(SB/T 10069—92)

方便面卫生标准(GB 17400—2003)

方便面(LS/T 3211—1995)

相关网站

www.cnflour.com

www.0393.com

学习项目一　小麦制粉工艺

学习任务

1. 熟悉各面粉企业生产的面粉品种,知道不同面粉品种的特点。

2. 能画出面粉加工的工艺流程图。

3. 知道面粉生产的主要工序,能提出一些改进的建议。

4. 熟悉面粉加工的机械设备,为实训的开展作基础。

本项目利用实物、多媒体等教学设备理论教学,需2学时完成。

一、学习准备

课程导入

面粉种类有哪些?不同等级的面粉是如何加工出来的?

小词典:面粉的种类

按蛋白质的含量分为以下三类:

1. 高筋粉(强筋粉、高蛋白质粉或面包粉),蛋白质含量为12%~15%,湿面筋重量>35%。高筋粉适宜制作面包,起酥糕点,泡芙和松酥饼等。

2. 低筋粉(弱筋粉,低蛋白质粉或饼干粉),蛋白质含量为7%~9%。湿面筋重量<25%。低筋粉适宜制作蛋糕、饼干、混酥类糕点等。

3. 中筋粉(通用粉,中蛋白质粉)是介于高筋粉与低筋粉之间的一类面粉。蛋白质含量为9%~11%,湿面筋重量在25%~35%。中筋粉适宜做水果蛋糕,也可以用来制作面包。

按功能可分为：

1. 专用粉，是针对以面粉为原料的食品，经过专门调配而适合生产专门食品的面粉，如水饺粉。

2. 预混粉，是按照焙烤产品的配方将面粉、糖、粉末油脂、奶粉、改良剂、乳化剂、盐等预先混合好的面粉。如市场所售的海绵蛋糕预混粉，曲奇预混粉，松饼预混粉等。

3. 全麦粉，是由整粒小麦磨成，包含胚芽，大部分麦皮和胚乳。麦皮和胚芽中含有丰富的蛋白质、纤维素、维生素和矿物质，具有较高的营养价值。

预习单

1. 麦路系统是指小麦(　　)的过程。

2. 小麦清理的目的有哪些？

3. 小麦清理的基本方法有哪些？

4. 常用的风选设备有哪些？(至少列举 3 种)

5. 常用的筛选设备有哪些？(至少列举 3 种)

6. 小麦精选是利用杂质与小麦的颗粒形状的不同进行清理的方法，常用的设备有哪些？(至少列举 3 种)

7. 密度分选法常用的设备有哪些？(至少列举 2 种)

8. 撞击法是用来除去哪些杂质，常用的设备有哪些？(至少列举 3 种)

9. 磁选法常用的设备有哪些？(至少列举 2 种)

10. 小麦清理过程可分为哪三个阶段？

11. 小麦清理后含杂标准为：尘芥杂质小于(　　)，砂石不超过(　　)，谷粮杂质不超过(　　)。

12. 着水后的小麦需进入润麦仓，润麦(　　)h。

13. 经过润麦小麦含水量达到制粉含水量，即含水量达到(　　)，目的是降低胚乳硬度，改善面粉的烘焙性。

14. 小麦制粉的粉路系统由哪几部分组成？

15. 皮磨系统的主要作用有哪些？

16. 渣磨系统的任务是什么？

17. 清粉系统的作用是什么？

18. 心磨系统的作用有哪些？

19. 面粉加工精度分级越细，研磨系统越(　　)，粉路工艺越(　　)。

20. 原料着完水后，送入净麦仓中，必须保证在仓中润足(　　)h 后，方可使用。净麦出仓使用时本着“(　　)”的原则顺序出仓。

二、教学实施

在教师的引导下，以学习小组为单位完成下列学习页。

学习页

(一)面粉的分类（通过观看实物、图片资料、录像资料完成）

种类	按蛋白质含量分	按功能分
展现形式		
品种		
生产企业		
销售方式		
价格		
学生补充（以学习小组为单位讨论总结）		

课后拓展：面粉加工企业的经营利润及风险调查。

(二)面粉加工设备的熟悉（通过观看实物、图片资料、录像资料完成）

设备类型	设备名称	作用	操作时的要求
清理设备			
制粉设备			
包装设备			
其他			

(三)面粉加工工艺的熟悉和探讨（通过观看录像资料完成）

面粉加工的主要工序	清理	润麦	研磨	筛理	清粉	配粉	包装
关键控制点							
作业难点							
注意事项							
改进建议							

小词典：如何鉴别面粉质量？

鉴别面粉质量的方法有一看、二闻、三品、四捏。

一看：看面粉的色泽，面粉的色泽是确定面粉等级的依据。等级高的面粉，色泽洁白细腻、无杂色、无麸星；而等级低的面粉则次之。色泽呈乳脂色或淡黄色的面粉则是硬质小麦搭配多的缘故，其面筋质的含量一般较高。

二闻：好的面粉气味有麦香味，而经过高温或储藏过久的面粉由于粮食陈化，会出现异味，口感发黏。嗅觉灵敏者可取少量面粉直接闻气味鉴别优劣；嗅觉欠佳者可将面粉加入热水后搅拌闻气味，如果闻到的是稻草、麦香的味道，说明面粉加工时间不长、质量较好、未加入过多的添加剂。如果闻到的是强烈的尘土味，说明是陈面或添加了过多的超标物质。

三品：做成熟食品尝，正常面粉制成熟食后品尝有淀粉的“回香味”，口感细腻。如口感牙碜，说明面粉含砂高。

四捏：手抓一把面粉稍用劲捏，若面粉呈粉末状、无颗粒感，手捏后松开随之散开不结块，则可以判断面粉水分含量适中。若手捏后易成团、结块、发黏，则可判断面粉水分含量高，遇高温天气，易发热、发霉变质。好面粉手捻时也绵软，但感觉过分光滑则有问题。

小词典：了解“吊白块”

“吊白块”化学名称是甲醛次硫酸氢钠，在高温下有极强的还原性，使其具有漂白作用，其水溶液在60℃以上就开始分解为有害物质，120℃以下分解为甲醛、二氧化碳和硫化氢等有毒气体。“吊白块”不是食品添加剂，主要在印染工业中作为拔染剂使用。

三、评价与反馈

按照附录的考核单评价。

四、总结与反思

1. 北京地区小型面粉生产企业现状怎样？存在哪些问题？
2. 面粉加工标准有哪些？

五、拓展学习

1. 总结自己在学习中还需解决的问题。
2. 进行一次面粉加工企业的调研，要求有调研方案、调研报告及过程材料。

学习项目二　挂面加工工艺

学习任务

1. 熟悉各超市销售的主要挂面品种。
2. 能画出挂面加工的工艺流程图。
3. 能叙述挂面生产的主要操作工序。

4.了解挂面加工的机械设备,为实训的开展作基础。

本项目采用实物、多媒体等教学设备理论教学,需2学时完成。

一、学习准备

课程导入

常见的挂面、方便面种类有哪些?分类依据是什么?

参考意见

挂面的种类:主要品种有普通挂面、花色挂面、手工挂面等。

1.普通挂面根据其原料分为小麦挂面、荞麦挂面、燕麦挂面等。

2.花色挂面按辅料的品种分为鸡蛋挂面、西红柿挂面、菠菜挂面、胡萝卜挂面、海带挂面、赖氨酸挂面等。

3.手工挂面就是市场上的鲜切面。

4.根据挂面的包装分为纸装挂面、塑料袋装挂面、盒装挂面等。

5.根据挂面的加工宽度不同可分为1.0、1.5、2.0、3.0、6.0 mm五种规格。宽度1.0 mm的称特制细面,1.5 mm的称细面,2.0 mm的称小阔面,3.0和6.0 mm的称大阔面和特阔面。

预习单

1.写出挂面加工工艺流程。

2.挂面和面时在感官上要求的状态是怎样的?

3.和面的加水量应考虑小麦粉的品质(面筋含量)、加碱量和加盐量。一般加水量控制在小麦粉质量的(　　)%。小麦粉加工精度高,蛋白质含量高,应(　　)加水,反之则(　　)加水。

4.由于在和面过程中,机械力的搅拌、摩擦作用会使面团温度有所升高,和面水温通常掌握在(　　)℃左右,最高不超过(　　)℃。

5.和面时间一般控制在(　　)min左右,最短不得低于(　　)min,否则面条成品易酥断。机械加工转速采用(　　)r/min。

6.什么是"熟化"?如何"熟化"?

7.压延的作用是什么?压延成的面片厚度为(　　)mm。

8.影响面团压延效果的因素有哪些?(列举至少2项)

9.压延比一般不大于(　　)%,太大会破坏面片内部的网状组织。

10.切条工序的要求是什么?

11.挂面烘干有(　　)和(　　)干燥两种方法。

12.挂面烘干的关键是要控制内部的"水分转移"速度"与"表面汽化"速度,使内部水分转移的速度(　　)于表面水分气化的速度。

13.温度、速度如何调整烘干的挂面质量好?

14.挂面的烘干过程分为哪4个阶段?

15.挂面的烘干设备有哪些?各有何特点?

16.挂面的缓酥的时间不应少于(　　)h。

17.称量一般要求计量准确,要求误差在(　　)%。

18.按照国家挂面质量标准,挂面的长度有哪几种规格?厚度、宽度如何规定?

二、教学实施

在教师的引导下,以学习小组为单位完成下列学习页。

学习页

(一)挂面的分类(通过课前超市调查及课堂的图片展示、观看录像资料等完成)

种类	按原料分	按辅料分	按加工宽度分
展现形式			
名称			
特点			
以学习小组为单位完成,教师总结			

课后拓展:挂面加工企业的经营利润及风险调查。

(二)挂面加工设备的熟悉(通过观看资料图片、录像资料完成)

设备类型	机械名称	操作要点	操作时注意的问题
和面熟化设备			
压延、切片设备			
烘干设备			
称量包装设备			

(三)挂面加工工艺的熟悉和探讨(通过观看录像资料完成)

加工挂面的主要工序	原料选择	和面、熟化	压延	切片	烘干	切断	称量包装
关键控制点							
作业难点							
注意事项							
改进建议							

小词典：挂面检验项目及重要程度分类(表 2-5)

表 2-5　挂面检验项目及重要程度分类

序号	检验项目		依据法律法规或标准条款	强制性/推荐性	检测方法	重要程度分类	
						A类	B类
1	净含量		定量包装商品计量监督管理办法	强制性	LS/T 3212		●
2	感官	色泽	LS/T 3212 LS/T 3213 LS/T 3214 企业标准	强制性/推荐性	LS/T 3212		●
		气味					
		烹调性					
3	水分			强制性/推荐性	GB/T 5009.3		●
4	酸度			强制性/推荐性	GB/T 5517		●
5	烹调损失			强制性/推荐性	LS/T 3212		●
6	弯曲折断率		LS/T 3212 LS/T 3213 企业标准	强制性/推荐性	LS/T 3212		●
7	熟断条率			强制性/推荐性	LS/T 3212		●
8	盐分		LS/T 3214 企业标准	强制性/推荐性	GB/T 12457		●
9	铝(Al)		GB 2762	强制性	GB/T 5009.182		●
10	黄曲霉毒素 B_1		GB 2761	强制性	GB/T 5009.22	●	
11	过氧化苯甲酰		GB 2760	强制性	GB/T 18415		●
12	着色剂		GB 2760	强制性	GB/T 5009.35		●
13	食品标签		LS/T 3212 LS/T 3213 LS/T 3214 GB 7718	强制性			●

三、评价与反馈

按照附录的考核单评价。

四、总结与反思

1. 北京地区挂面生产企业现状怎样？存在哪些问题？
2. 挂面加工标准有哪些？

五、拓展学习

1. 总结自己在学习中还需解决的问题。
2. 进行一次挂面加工企业的调研，要求有调研方案、调研报告及过程材料。

实训项目一　面粉加工企业参观

学习任务

1. 了解整个生产厂房的布局，能够按照加工流程看懂总控制台的操作程序。

2. 清楚各个车间的工作内容，明白各车间控制台的操作工序。

3. 了解企业工艺管理规定、设备管理制度，了解各车间岗位管理制度、操作规程。

4. 学习主要工序作业指导书、成品管理作业指导书、辅料和包装材料作业指导书、滞留区作业指导书。

5. 了解企业的“HACCP 文件”及“关键工序控制操作规程”。

本项目通过去北京古船食品有限公司参观完成，需 4 学时。

一、参观准备

(一)相关资料收集

以学习小组为单位，通过网上查阅，了解欲参观企业的信息资料。

(二)参观材料的准备

1. 以学习小组为单位设计企业调查表，提前一周打印好。

2. 检查参观材料的准备情况。

二、参观教学的实施

在实践指导教师的引导下，以学习小组为单位参观实践，并完成下列工作页。

工作页

(一)配麦、去石、润麦车间参观

项目	配麦	去石	润麦
主要工作			
要求			
体会			

(二)制粉车间参观

项目	皮磨	粉二楼	粉三楼	粉四楼	粉五楼
主要工作					
要求					
体会					

(三)配粉、包装车间参观

项目	配粉	包装
设备		
主要工作		
要求		
体会		

(四)了解企业管理

1. 员工招聘方式、时间。

2. 主要岗位、员工要求。

3. 保险、工资待遇等。

(五)整理调查表,及时咨询和补充

三、评价与反馈

按照附录的考核单评价。

四、总结与反思

1. 本次参观最大的收获是什么?

2. 你认为该面粉加工企业有哪些先进理念和科学管理方法?哪些地方需要进一步改进?

五、学习拓展

1. 总结自己在本次参观学习中还需解决的问题。

2. 进行一次面粉加工企业的调研,以学习小组为单位设计调研方案,撰写调研报告。

实训项目二　加工面条

学习任务

1. 会选择生产面条的原料及辅料,会面条加工的主要工序。

2. 清楚各加工环节的关键控制点并能严格控制。

本项目利用真实环境生产加工面条,需 4 学时完成。

一、实训准备

(一)原辅料选择、准备

以学习小组为单位,准备加工面条所需的原辅料。

(二)加工设备的检查、清洗

1. 以小组为单位检查加工设备的完好性、清洁度。

2. 不符合加工要求的设备或工具及时补充。

二、实训教学的实施

在实践指导教师的引导下,以学习小组为单位加工面条,并完成下列工作页。

工作页

(一)原辅料处理

项目	面粉	碱	盐
是否符合国家标准			
预处理方式			

(二)和面、熟化

项目	拌粉	熟化
工作要点		
要求		

小词典:和面中应注意的问题

1. 原辅料的使用与添加

首先是面粉应符合要求,特别是湿面筋含量应不低于 26%,一般为 26%～32%;另外是水的质量和加水量,加水过多,面团过软,造成压片困难且湿断条增多,加水过少,面团过硬,不利于压片,断条增多,且面筋形成不良,使面团工艺性能下降,影响面条质量。实际生产中,和面的加水量一般控制在 25%～32%。可根据面粉中面筋情况增减水量,一般按面筋量增减 1%,加水量相应增减 1%～1.5%。

2. 和面时间

和面时间的长短对和面效果有明显的影响。和面时间短影响面团的加工性能;和面时间过长面团温度升高,使蛋白质部分变性,降低湿面筋的数量和质量,同时使面筋扩展过度,出现面团过熟现象。比较理想的和面时间为 15 min 左右,最少不低于 10 min。

3. 面团温度

温度对湿面筋的形成和吸水速度均有影响，面团温度是由水温、面温、散热、机械吸热共同决定的，实际生产中调整面团温度主要靠变化水温。面团的最佳温度为30℃左右，由于环境温度不断变化，面团温度也随之变化，水温也需要跟着调整。

（三）压延、切条、称量、包装

项目	压延	切条	称量	包装
设备				
工作要点				
要求				

三、评价与反馈

按照附录的考核单评价。

四、总结与反思

1. 以学习小组为单位，整理出未知问题或内容，并进行讨论。
2. 本次实训有何感想？

五、拓展学习

1. 总结自己在实训中还需解决的问题。
2. 进行一次面条加工企业的调研，以小组为单位设计调研方案，撰写调研报告。

专项实验　小麦粉面筋含量的测定

实验目标

1. 明确面筋含量测定的目的。
2. 会应用“水洗法”和“盐水洗涤法”测定小麦粉的面筋含量。

完成该实验需要2学时。

一、实验准备

以学习小组为单位准备以下材料。

1. 实验用具的准备

天平（1/100）1台，小搪瓷碗1个，量筒（10或20 mL）1个，100 mL烧杯1个，玻璃棒（或牛角匙）1根，脸盆1个，直径1.00 mm的圆孔筛或装有CQ20筛绢的筛子1个，表面皿1个，滤纸1盒，电热烘箱1台，盐水洗涤装置1架，30 cm米尺1根。

2. 实验试剂的准备

(1)碘-碘化钾溶液的制备：称取 0.1 g 碘和 1.0 g 碘化钾，用水溶解后再加水至 250 mL，用于检查淀粉是否洗净。

(2)2%的盐水溶液。

二、实验教学的实施

在实践教师的引导下，以学习小组为单位进行实验，并完成下列实验单。

实验单

(一)测定小麦粉面筋含量的目的

查阅资料完成下表。

面筋的定义	
面筋的实质	
面筋含量对面粉的影响	

小词典：面筋是衡量小麦粉品质的重要指标

小麦粉中含有蛋白质约 12%，其中 1/2 以上是面筋。面筋不溶于水，但吸水力很强。吸水后即膨胀，从而形成紧密坚固与橡胶相似的弹性物质。通常加工精度高的小麦粉，其面筋含量也较高，加工制成的馒头、面包松软可口。小麦和小麦粉发生异常变化时，其面筋含量和性质均有变化。因此，测定小麦面筋含量和性质是衡量其品质好坏的一项重要指标。

(二)小麦粉面筋含量的测定

要求：选择资料中的方法或自己查阅的方法测定小麦粉的湿面筋含量。

将测定结果填入下表。

面粉种类	
面粉质量	
湿面筋质量	
湿面筋含量	

小词典：小麦粉湿面筋含量的测定方法

1. 水洗法

(1)称样：从平均样品中称取定量试样，特二等粉 15.00 g，标准粉 20.00 g，普通粉 25.00 g。

(2)和面：将试样放进洁净的搪瓷瓶中，加入相当试样 1/2 的室温水(20～

25℃)，用玻璃棒搅和，再用手和成面团，直至不粘手为止。然后放入盛有水的烧杯中，在室温下静置 20 min。

(3)洗涤：将面团放在手上，在放有圆孔筛的脸盆的水中轻轻揉搓，洗去面团内的淀粉、麸皮等物质。在揉洗过程中必须注意更换脸盆中清水数次(换水时注意筛上是否有面筋散失)。反复揉洗至面筋挤出的水遇碘水无蓝色反应为止。

(4)排水：将洗净的面筋放在洁净的玻璃板上，用另一块玻璃板压挤面筋，排出面筋中的游离水，每压一次后取下并擦干玻璃板，反复压挤到稍感面筋有粘板时为止(约压挤 15 次)。

(5)称重：排水后取出面筋在预先烘干并称重的表面皿或滤纸上，称总重量。

(6)计算湿面筋含量。

2. 盐水洗涤法

(1)称样及和面：称取 10.00 g 小麦粉样品于小搪瓷碗中，加入 2%的盐水溶液 5.6 mL，用玻璃棒或牛角匙拌和面粉，然后用手揉捏成表面光滑的面团。

(2)洗涤：将面团放在手掌中心，开启盐水洗涤装置螺旋水阀，使盐水缓滴至面团上(盐水流速调节为每分钟 60～80 mL)。同时，用另一食指和中指压挤面团，不断挤压、压平、卷回，以洗去面团中的淀粉、盐溶性蛋白质及麸皮。洗至面筋团形成后(约 5 min)关闭盐水，再将已形成的面筋团继续用自来水冲洗，揉捏，直至面筋中的麸皮和淀粉洗净为止。

(3)检查：将面筋放入搪瓷碗中，加清水约 5 mL，用手揉捏数次，取出面筋，在洗面筋的水中加入碘液 3～5 滴，混匀后放置 1 min。如已洗净，则此水溶液不呈蓝色，如呈蓝色，则应继续用自来水洗涤。

(4)排水、称重、计算结果。

(三)面筋颜色、气味、弹性和延伸性的鉴定

将鉴定结果填入下表。

面粉种类	
面筋的颜色	
面筋的气味	
面筋的弹性	
面筋的延伸性	

小词典：面筋的鉴定

1. 面筋颜色、气味鉴定

湿面筋有淡灰色、深灰色等，以淡灰色为好，煮熟的面筋为灰白色，品质正常的

面筋略有小麦粉气味。

2. 面筋的弹性和延伸性鉴定

(1)湿面筋的弹性指面筋被拉伸或按压后恢复到初始状态的能力，分为强、中、弱三类。强弹性面筋不粘手，复原能力强；弱弹性面筋粘手，几乎无弹性，易断碎。

(2)湿面筋的延伸性指面筋被拉伸时所表现的延伸能力。其简易测定方法如下：称取湿面筋 4 g，在 20～30℃清水中静置 15 min，取出后搓成 5 cm 长条，用双手的食指、中指和拇指拿住两端，左手放在米尺零点处，右手沿米尺拉伸至断裂为止。长度在 15 cm 以上的为延伸性好，8～15 cm 为延伸性中等，8 cm 以下为延伸性差。洗后面筋的延伸长度与静置时间长短有密切关系。静置时间长，延伸长度随之增加。按照弹性和延伸性，面筋分为三等。上等面筋：弹性强，延伸性好或中等；中等面筋：弹性强，延伸性差或弹性中等而延伸性好；下等面筋：无弹性，拉伸时易断裂或不易黏聚。

三、评价与反馈

按照附录的考核单评价。

四、总结与反思

1. 以学习小组为单位，整理出未知问题或内容，并进行讨论。
2. 对本次实验有何改进意见？

五、拓展学习

检索相关资料，查阅小麦粉面筋含量的其他测定方法。

实训项目三　方便面加工企业参观

实训任务

1. 了解整个生产厂房的布局，能够按照加工流程看懂总控制台的操作程序。
2. 清楚各个车间的工作内容，明白各车间控制台的操作工序。
3. 了解企业工艺管理规定、设备管理制度，了解各车间岗位管理制度、操作规程。

本项目通过参观实习完成，需 4 学时。

一、参观准备

(一)相关资料收集

以学习小组为单位，通过网上查阅，了解欲参观企业的信息资料。

(二)参观材料的准备

1. 以小组为单位设计企业调查表,提前一周打印好。
2. 检查参观材料的准备情况。

二、参观教学的实施

在实践指导教师的引导下实践参观,以学习小组为单位完成下列工作页。

工作页

(一)方便面生产线参观

项目	和面	熟化	压片、切条和折花	蒸面	切断及折叠	脱水
设备名称						
工序要求						

(二)料包生产车间参观

项目	粉包	油包
主要工作		
要求		
体会		

(三)冷却、包装车间参观

项目	冷却	包装
设备		
主要工作		
要求		
体会		

(四)了解企业管理

1. 员工招聘方式、时间。
2. 主要岗位、员工要求。
3. 保险、工资待遇等。

(五)整理调查表,及时咨询和补充

三、评价与反馈

按照附录的考核单评价。

四、总结与反思

1. 谈谈本次参观最大的收获是什么？

2. 你认为该方便面加工企业有哪些先进理念和科学管理方法？哪些地方需要进一步改进？

五、拓展学习

该企业哪些地方需要进一步改进？有哪些同类企业做得更好？

第三单元　烘焙食品的加工

学习目标

1. 了解烘焙食品的发展方向，熟悉烘焙食品的主要原料。
2. 知道烘焙食品的加工工艺流程，掌握面包、蛋糕、饼干的加工工艺。
3. 能操作主要烘焙生产设备、检测设备。
4. 了解烘焙食品开发流程，了解烘焙食品成本控制。

结构内容

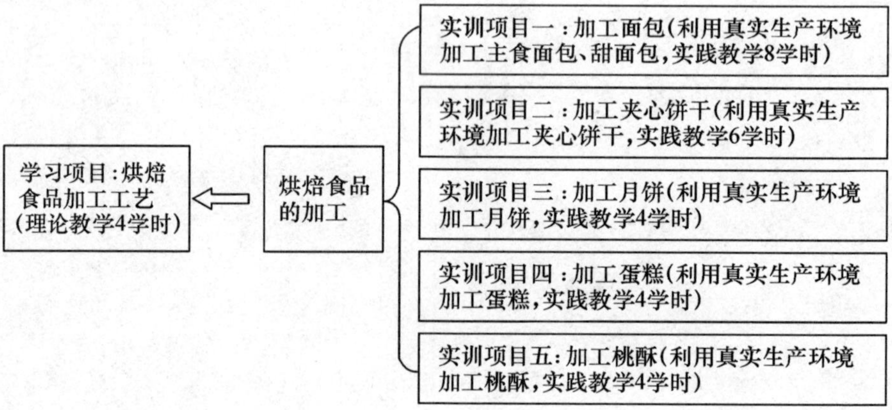

学习资料

一、烘焙食品加工现状及发展方向

（一）安全、卫生是最基本的发展趋势

烘焙食品是以小麦粉为主要原料，采取烘焙加工手段来对产品进行熟制的一

类食品，主要包括面包、饼干、蛋糕及各类点心等。近几年来，食品安全事件不断发生，每一次食品安全事件都对消费者造成了不同程度的心理恐慌。随着人们生活水平的提高，人们对其自身生命健康的日趋关注和食品销售与消费的国际化，食品企业必须十分注重提高食品的卫生安全性。我国卫生部等相关管理部门正在按照《中华人民共和国食品安全法》的规定，加强和完善食品的卫生安全监管工作，确保食品安全卫生。

为了不断改善和提高食品的安全性，烘焙食品企业必须注意以下几个方面。

①原料的选择：注意有毒有害成分的控制和新鲜状态，尽量选用无公害、无污染的食品原料。

②生产过程的控制：注意加工过程、防止有毒有害成分的混入，防止滥用食品添加剂。

③销售过程的管理：注意运输、贮存条件的控制。

(二)注意营养价值和营养平衡

21世纪食品发展的趋势是天然、营养、保健、安全、卫生，人们始终把健康放在第一位。随着人们生活水平的提高，对食品的要求越来越高，如营养食品、保健食品、功能食品、绿色食品等，已成为食品消费市场的热点。崇尚自然、回归自然已成为世界性的不可抗拒的潮流。烘焙食品也必须以安全、卫生、营养、健康为最基本的发展趋势。

在烘焙食品中，面包、饼干、方便面等食品都已成为人们的主餐食品之一，尤其是上班族的青年人，由于生活节奏加快，他们是主要的消费群体。据食品配料公司Danisco公司的报道，芬兰的一项最新研究发现，年龄在20～49岁的女性和年龄在15～19或30～49岁的男性是饼干最大的消费人群。

未来烘焙食品的发展应该要适合人们对营养的追求。据最近调查资料显示，全球营养、保健食品的开发趋势，北美占60%左右、欧洲占49%～50%、亚太地区约占30%，主要是无脂、低脂食品，其次是低糖、无糖食品。生产营养成分丰富和各营养成分的比例关系符合人体需要模式的营养平衡食品，是食品企业的追求目标，也是烘焙食品开发的根本趋势。

实践证明长期食用精米白面是人类摄取膳食营养的一大阶段性失误。从营养角度讲，精白粉和精白面包失去了全麦中绝大部分营养物质，所添加的几种微量物质绝不可能补回全部功效。因此，未来烘焙食品配料必须以营养成分丰富和各营养成分比例关系平衡为目标，以保证人们健康为目的，改变长期以来过分追求“色、香、味、形”和精米白面的饮食习惯。

(三)全谷物烘焙食品的开发

谷类有稻谷、小麦、玉米、高粱、大麦、燕麦等。谷物有很多营养特性，如谷类中的脂肪一般占籽粒重量的1%～2%，数量少，但营养价值高。谷类脂肪主要由不饱和脂肪酸组成，同时含有较多的维生素E。谷物不仅有很高的营养价值，而且对降低血清胆固醇和防止动脉硬化都有良好的作用。另外，谷类中B族维生素含量最丰富，同时还含有2%～3%的纤维素和半纤维素。

以产自高寒山区的燕麦、小米、荞麦、高粱、玉米、红小豆等10余种五谷杂粮为主要原料，采用当今国际最先进的连续蒸煮挤压高新技术制成的早餐食品和五谷杂粮烘焙食品，产品具有高蛋白质、低脂肪、低胆固醇、低糖，富含膳食纤维等特点。

多谷物营养杂粮焙烤食品是用添加大豆蛋白、玉米等多种谷物营养杂粮混合粉制作成的各种面包、糕点、饼干，能让现代人达到瘦身和健康的效果。

(四)功能性烘焙食品配料发展迅速

功能食品配料是食品工业发展的一个趋势，也是功能性烘焙食品配料的一个发展趋势。在功能性食品发展上，日本处于领先地位，美国第二。2003年功能食品配料产值日本为117亿美元、美国为105亿美元、英国和德国均为28亿美元、意大利为15亿美元。在功能性烘焙食品配料方面有膳食纤维、低聚糖、糖醇、大豆蛋白、功能性脂类、植物活性成分、活性肽、维生素和矿物元素等。

膳食纤维是指那些不被人体消化吸收的多糖类碳水化合物与木质素的总称，其生理功效主要表现在低能量、预防肥胖症、调节血糖水平、降血脂、抑制有毒发酵产物、润肠通便、预防结肠癌和调节肠道菌群等方面，在烘焙食品中主要应用于高纤维面包和高纤维饼干中。在欧洲，尤其是在儿童和成年人对膳食纤维摄入量偏低以来，高纤维和心脏保健面包获得了新的动力。欧洲一些经营者预言，在快餐业中烘焙食品将会仅次于牛奶位列第二。新的膳食纤维具有刺激细菌分裂、保护内脏、防止有害菌的再生和提高免疫力的作用。它们能提高人体对矿物质的吸收，降低对胆固醇的吸收，并且作为膳食纤维可以缩短排便时间，提高排便量，防止便秘。由于其低能量的特点，因此也适合于糖尿病病人。

大豆蛋白是一种重要的植物蛋白，尤其是经过分离和改性后的大豆蛋白，去除了对人体健康不利的因子，营养价值得到提升。大豆蛋白可以用于面包、饼干的生产，如美国开发了含15 g大豆蛋白的能量棒。

功能性油脂包括不饱和脂肪酸、复合脂质、脂肪改性产品和脂肪替代品。不饱和脂肪酸如亚麻酸、花生四烯酸、EPA、DHA等，这类物质具有显著的降血脂、降血糖、预防心血管疾病等功效。

植物活性成分大多具有不同强度的抗氧化、抗菌和免疫调节等功能，对心血管疾病和某些肿瘤具有一定功效。对于烘焙食品，植物活性成分对油脂的抗氧化功能显得尤为重要，如竹叶黄酮等，能作为天然抗氧化剂应用于烘焙食品中。

(五)低能量、无糖烘焙食品的开发

目前，低能量、无糖食品引起了广泛的关注，并且逐渐成为流行饮食时尚。低能量、无糖烘焙食品配料主要有功能性低聚糖、功能性糖醇和功能性油脂等。

功能性低聚糖是由3～9个单糖经糖苷键连接而成的低度聚合糖，它不被消化吸收而直接进入大肠内，优先被双歧杆菌所利用，是双歧杆菌的有效增强因子。此外，功能性低聚糖还有减少有毒发酵产物及有害细菌酶的产生、抑制病原菌和腹泻、防止便秘、增强免疫力、抗肿瘤、降低血清胆固醇、保护肝功能、合成维生素、促进钙吸收以及低能量、不引起龋齿等多种功能。在烘焙食品中可用于制作低能量面包、蛋糕和饼干以及双歧月饼等。

功能性糖醇是由相应的糖经过加氢还原制得，如木糖醇、乳糖醇、甘露醇、麦芽糖醇等，它们在人体中的代谢途径与胰岛素无关，可用于糖尿病患者的专用食品。如赤藓糖醇具有纯天然、无热量(<0.84 kJ/g)、高耐受量、适合糖尿病患者食用、在加工过程中性能稳定等特点，并且有助于食品贮存，使它在烘焙行业中能够更加广泛地被应用于蛋糕和饼干的制作。

无糖烘焙食品配料主要以功能性低聚糖和功能性糖醇取代蔗糖，由于功能性低聚糖和功能性糖醇具有上述功能特性，既解决了糖尿病患者难品甜味之苦，又不会引起血糖与胰岛素水平大幅度波动，适合糖尿病患者和肥胖人群食用。糖醇不是口腔微生物的适宜发酵底物，不会引起牙齿龋坏，有利于保护儿童的牙齿健康，因其甜度适宜、口感清爽、低热量，也适宜所有健康人群食用。另外，用无糖烘焙甜味改良剂制作的无糖食品弥补了以传统工艺制作无糖食品所造成的“面包像馒头、月饼像砖头、蛋糕像发糕”等缺陷，在“色、香、味、形”上均有大幅度提高。

此外，在低能量烘焙食品配料中油脂可使用油脂替代品，如葡聚糖，在低能量蛋糕、低能量饼干中有较多应用。使用油脂替代品代替传统油脂将是烘焙食品的未来发展趋势。

(六)烘焙食品创新多元化

烘焙食品创新迈向多元化，并与糖果、冰淇淋等产品结合，形成一系列的全新产品。在产品的创新中，质量和品质起着相当重要的作用。

最近在一份巧克力重度消费者生活形态的考察中发现，这部分消费者对于“时尚”、“品质”、“身份”和“健康”的追求较为强烈。市场的需求是我们产品的开发方向。

欧洲饼干市场看好，最近法国 Meadow 烘焙公司推出一系列低碳食品，其口味和正常产品相同。该系列产品包括酵母、杂粮卷、面包和玉米饼。新的无酵母、有机低碳食品含有营养成分 2 段淀粉中和剂，这种成分被用在减肥增补剂中。2 段食品研究项目主管 Kanak Udani 表示，通过将 2 段引入低碳食品中，能使消费者享用面包、玉米饼和比萨饼这样的无卡食品。

此外，最近国外开发的早餐冰淇淋是烘焙食品与冰淇淋的结合，其内含酸奶成分、外为谷物涂层，还有三明治冰淇淋等，这也是烘焙食品的一个发展趋势。

二、烘焙食品的分类

(一)西式

1. 面包类

面包类包含硬式面包、软式面包、脆皮面包、松质面包等。

2. 蛋糕类

蛋糕类包含面糊类蛋糕、乳沫类蛋糕、戚风类蛋糕、变化蛋糕等。

3. 西点类

西点类包含派、塔、松饼、甜炸圈饼、奶油空心饼、比萨、果冻类及其他小西点等。

4. 饼干类

饼干类包含甜饼干、咸饼干、小西饼、煎饼等。

(二)中式

中式烘焙类食品一般指糕点，糕点按热加工和冷加工进行分类。

1. 热加工糕点

(1)烘烤糕点

烘烤糕点分为：酥类、松酥类、松脆类、酥层类、酥皮类、水油皮类、糖浆皮类、松酥皮类、硬酥皮类、发酵类、烘糕类、烤蛋糕类。

(2)油炸糕点

油炸糕点分为：酥皮类、水油皮类、松酥类、酥层类、水调类、发酵类、糯糍类。

(3)水蒸糕点

水蒸糕点分为：蒸蛋糕类、印模糕类、韧糕类、发糕类、松糕类。

(4)熟粉糕点

熟粉糕点分为：热调软糕类、印模糕类、切片糕类。

2.冷加工糕点

冷加工糕点分为：冷调韧糕点、冷调松糕点、蛋糕类，油炸上糖浆类、萨其马类等。

三、烘焙食品主要原料及作用

(一)面粉

1.高筋小麦粉

高筋小麦粉应选用硬质小麦加工，用于生产面包等高面筋质食品。高筋小麦粉等级指标见表 3-1。

表 3-1　高筋小麦粉等级指标

等级	1	2
面筋质/%(以湿基计)	≥30.0	≥30.0
蛋白质/%(以干基计)	≥12.2	≥12.2
灰分/%(以干基计)	≤0.70	≤0.85
粉色、麸星	按实物标准样品对照检验	按实物标准样品对照检验
粗细度	全部通过 CB36 号筛，留存在 42 号筛的不超过 10.0%	全部通过 CB30 号筛，留存在 36 号筛的不超过 10.0%
含砂量/%	≤0.02	≤0.02
磁性金属物/(g/kg)	≤0.003	≤0.003
水分/%	≤14.5	≤14.5
脂肪酸值/(mg/100 g)(以湿基计)	≤80	≤80
气味、口味	正常	正常

2.低筋小麦粉

低筋小麦粉应选用软质小麦加工，用于生产饼干、糕点等低面筋食品。

3.专用小麦粉

专用小麦粉是指专供生产某类食品或只作某种用途的小麦粉。我国现在已经有行业标准的专用小麦粉有：面包用小麦粉、面条用小麦粉、饺子用小麦粉、馒头用小麦粉、发酵饼干用小麦粉、酥性饼干用小麦粉、蛋糕用小麦粉、糕点用小麦粉、自发小麦粉等。

(二)油脂

1.油脂在烘焙食品中的作用

(1)增加营养价值，补充能量

油脂可增加烘焙食品的营养价值，特别是各种必需脂肪酸、脂溶性维生素、磷脂、甾醇等。同时，油脂可以补充人体的能量，油脂的能量很大，高于蛋白质和糖类，每克油脂可产生能量 37.66 kJ。

(2)增进口味，改善口感

各种油脂都有自身独特的风味，加入烘焙食品后不仅能保持原来的特有风味，而且在经过烘焙，在水、高温及空气条件下，有少量油脂分解成甘油和脂肪酸，脂肪酸在醇存在的情况下，可发生再酯化，生成如乙酸乙酯的菠萝香味、丁酸乙酯的香蕉芳香等，使面包、饼干、糕点等产品产生特有的芳香，改善口感。

(3)包入空气，丰满酥松

酥是添加油脂糕点产品的重要特性之一，酥的程度在一定范围内同加入的油脂量有关。这主要是油脂在调制面团时，能在面粉的蛋白质及淀粉外围形成油膜，阻止它们吸水、膨胀，使其不易形成胶状物，从而降低了它们的结合力，使产品的组织脆弱。另外，当蛋白质、淀粉不易形成胶状物时，势必结合力降低，间距增大，使面团中的空气均匀分布在其中，经烘焙就会涨发，从而使产品带来自然的丰满、酥松。

(4)促进乳化，光滑油亮

奶油、人造奶油等都是较好的乳化剂，它们使产品光滑、油亮、着色均匀、花纹清晰、柔软新鲜，显著的增加产品的感官色彩。

(5)阻止发黏，便于操作

由于油脂能在吸水物的外层形成油膜，阻止它们吸水，不利于其胶状物的形成，即使形成胶状物，油脂也有降低黏性的作用，从而便于操作。

(6)有可塑性，防止变形

不少油脂本身就有很好的可塑性，如猪油、奶油、人造奶油、起酥油等。这些油脂用于酥性产品，使产品酥松，不易收缩变形，花纹清晰，有利于产品规格化。

(7)传热迅速，保水防干

油脂沸点高，传热迅速，对油炸制品有很重要的意义。在不适宜的油温下，它既能使油炸制品外层的水分迅速挥发置换，又能使胶状物因高温迅速凝固，阻止制品内部水分的挥发，使制品不致过分干燥，影响质量和降低出品率。

(8)降低吸水量，增长存放期

含油脂多的糕点制品一般较含油脂少的制品存放期长。因为含油脂多的制品吸水性低，不利于各种细菌的发育繁殖。含油脂多时，油脂本身存放期就会增长，相对存放期也增长。

2. 烘焙食品常用油脂

(1)奶油

奶油有含水和不含水两种。它是将天然牛奶的上表层收集起来的乳脂经过剧烈搅拌而成的均相平滑的产品。它是美欧厨房中和餐桌上的必备品，从简单的早餐烤面包片到复杂的烹饪和糕点制作，都离不开奶油。用奶油制成的成品具有十分诱人的特殊的油脂香气和奶香气。

(2)玛琪琳

玛琪琳又叫植物黄油、麦琪琳、乳玛琳、马加林，即人造奶油，是在非乳脂油中形成的油包水型或水包油型乳状液，在组成和外形上都与奶油十分接近，最早是法国人于1860年发明的。它是用不饱和脂肪酸取代了饱和脂肪酸的具有奶油香味的天然奶油替代品。生产人造奶油的原料主要为棉籽油、花生油、玉米胚芽油以及部分动物油脂。

(3)起酥玛琪琳

起酥玛琪琳是以低熔点的牛油混合其他动物油或是植物油做成的高熔点油脂，专用于起酥皮的制作。它的熔点通常都在44℃以上，必须在专业的西点材料行才买得到，用作西点、起酥面包和膨胀多层次的产品中，一般含水量以不超过20%为佳。

(4)起酥油

起酥油又叫白油，因其看起来雪白，形似猪油。起酥油是食品工业的专用油脂之一，具有一定的可塑性或稠度性，用作糕点的配料、表面喷涂或脱模等。它可以用来酥化或软化烘焙食品，使蛋白质及碳水化合物在加工过程中不致成为坚硬而又连结的块状，并可改善口感。

(5)发酵奶油

发酵奶油是在制作奶油的初期，在乳脂中加入乳酸菌种后搅拌使之发酵后制成的奶油。发酵奶油具有特殊的风味，在欧洲较为常见，被认为是欧式风味的奶油。

(6)植物油

植物油是从一些植物的籽或果仁中压榨出来的油脂，常见的有大豆油、花生油、菜籽油、玉米油、橄榄油、芝麻油，还有最近推出的葵花籽油、山茶油。

(7)棕榈油

棕榈油在世界上被广泛用于烹饪和食品制造业。它被当作食用油、松脆脂油和人造奶油来使用。像其他食用油一样，棕榈油容易被消化、吸收以及促进健康。棕榈油是脂肪里的一种重要成分，属性温和，是制造食品的好材料。从棕榈油的组成成分看来，它的高固体性质和高甘油含量让食品避免氢化而保持平稳，并能有效地抗拒氧化；它适合炎热的气候的特点也使其成为糕点和面包厂产品的良好佐料。由于棕榈油具有的以上几种特性，它深受食品制造业所喜爱。

(8)鲜奶油

鲜奶油由鲜奶浓缩制得,其含油量达到36%左右,可用作蛋糕表面装饰之用。

(三)糖与糖浆

烘焙食品中常用糖主要有白砂糖、绵白糖、赤砂糖、红糖、冰糖、糖粉等,其主要成分为蔗糖。糖浆有饴糖、葡萄糖浆、果葡糖浆、蜂蜜和转化糖浆等,呈黏稠液体状,由多种成分组成,如葡萄糖、果糖、麦芽糖、糊精等。

1.性质特点

(1)甜度

糖的甜度没有绝对值,目前主要是利用人的味觉来比较。一般以蔗糖的甜度为100来比较各种甜味物质的甜度,如:果糖最甜,为175;葡萄糖为74;麦芽糖为32。

(2)溶解性

糖可溶于水,不同的糖在水中的溶解度不同,果糖最高,其次是蔗糖、葡萄糖。

(3)结晶性

蔗糖极易结晶,晶体能生长很大;葡萄糖也易于结晶,但晶体很小;果糖则难以结晶。饴糖、葡萄糖浆分别是麦芽糖、葡萄糖、低聚糖和糊精的混合物,为黏稠状液体,具有不结晶性。一般来说,不易结晶的糖对结晶的糖的抑制作用较大,有防止结晶的作用。如熬制糖浆时,加入适量饴糖或葡萄糖浆,可防止蔗糖析出或返砂。

(4)吸湿性和保潮性

糖的吸湿性和保潮性对于保持糕点的柔软和贮藏具有重要的意义。蔗糖和葡萄糖浆的吸湿性较低,转化糖浆和果葡糖浆的吸湿性较高,故可用高转化糖浆和果葡糖浆、蜂蜜来增加饼坯的滋润性,并在一定时期内保持柔软。葡萄糖经氢化生成的山梨醇具有良好的保潮性质,作为保潮剂在烘焙食品工业中正在得到广泛应用。

(5)渗透性

糖溶液具有较强的渗透压,糖分子很容易渗透到吸水后的蛋白质分子或其他物质中间,而把已吸收的水排挤出来。因此,糖不仅可以增加制品的甜味,还能起到延长保存期的作用。又如在面团中添加糖或糖浆,可降低面筋蛋白质的吸水性,使面团弹性和延伸性减弱。

(6)黏度

不同的糖黏度不同,蔗糖的黏度大于葡萄糖和果糖,糖浆黏度较大。利用糖的黏度可提高产品的稠度和可口性。如搅打蛋泡、蛋白膏时加入蔗糖、糖浆可增强气泡的稳定性;在某些产品的坯团中添加糖浆可促进坯料的黏结;利用糖浆的黏度防止蔗糖的结晶返砂等。

(7)焦糖化和美拉德反应

饴糖、转化糖浆、果葡糖浆、中性的葡萄糖浆、蜂蜜等在烘焙食品中使用时，常作为着色剂，加快制品烘烤时的上色速度，促进制品颜色的形成。而在烘焙食品中应用广泛的蔗糖，其熔点为186℃，对热敏感性较低，即呈色不深。糖的焦糖化反应还与pH有关。溶液的pH低，糖的热敏感性就低，着色作用差；相反，pH升高则热敏感性增强。因此，有些pH低的转化糖浆、葡萄糖浆在使用前最好先调成中性，才有利于糖的着色反应。

美拉德反应是使烘烤食品表面着色的另一个重要途径，也是烘焙制品产生特殊香味的重要来源。在美拉德反应中除了产生色素物质外，还产生一些挥发性物质，形成特有的烘焙香味。影响美拉德反应的因素有：温度、还原糖量、糖的种类、氨基化合物的种类、pH。温度升高，美拉德反应趋强烈；还原糖（葡萄糖、果糖）含量越多，美拉德反应越强烈；pH呈碱性，可加快美拉德反应的进程。果糖发生美拉德反应最强，葡萄糖次之，中性的葡萄糖浆、转化糖浆、蜂蜜极易发生美拉德反应；非还原性的蔗糖不起美拉德反应，呈色作用以焦糖化为主，但在面包类发酵制品中由于酵母分泌的转化酶的作用，使部分蔗糖在面团发酵过程中转化成了葡萄糖和果糖，而参与美拉德反应。

(8)抗氧化性

糖溶液具有抗氧化性，因为氧气在糖溶液中溶解量比在水溶液中多，因而在含油脂较高的食品中有利于防止油脂氧化酸败，增加保存时间。同时，糖和氨基酸在烘焙中发生美拉德反应生成的棕黄色物质也具有抗氧化作用。

2. 糖、糖浆在烘焙食品中的功用

(1)是烘焙食品良好的着色剂

由于糖的焦糖化和美拉德反应，可使制品在烘焙时形成金黄色或棕黄色表皮和良好的烘焙香味。

(2)改善制品的风味

糖使制品具有一定甜味和各种糖特有的风味。在烘焙成熟过程中，糖的焦糖化和美拉德反应的产物使制品产生良好的烘焙香味。

(3)改善制品的形态和口感

糖在糕点中起到骨架作用，能改善组织状态，使外形挺拔。糖在含水较多的制品内有助于产品保持湿润柔软；在含糖量高、水分少的制品内糖能促进产品形成硬脆口感。

(4)作为酵母的营养物质，促进发酵

糖作为酵母发酵的主要能量来源，有助于酵母的繁殖和发酵。在面包生产中加入一定量的糖，可促进面团的发酵。但也不宜过多，如点心面包的加糖量不超过20%～25%，否则会抑制酵母的生长，延长发酵时间。

(5)改善面团物理性质

糖在面团搅拌过程中起反水化作用，调节面筋的胀润度，增加面团的可塑性，使制品外形美观、花纹清晰，还能防止制品收缩变形。

(6)对面团吸水率及搅拌时间的影响

正常用量的糖对面团吸水率影响不大。但随着糖量的增加，糖的反水化作用也愈强烈，面团的吸水率降低，搅拌时间延长。

(7)提高产品的货架寿命

糖的高渗透压作用能抑制微生物的生长和繁殖，从而增进产品的防腐能力，延长产品的货架寿命。由于糖具有吸湿性和保潮性，可使面包、蛋糕等烘焙食品在一定时期内保持柔软。故而，含有大量葡萄糖和果糖的糖浆不能用于酥类制品，否则吸湿返潮后失去酥性口感。同时，由于糖的上色作用，含糖量高的面包等产品在烘烤时着色快，缩短了烘烤时间，产品内可以保存更多的水分，从而达到柔软的效果。而加糖量较少的面包等产品，为达到同样的颜色程度，就要增加烘烤时间，这样产品内水分蒸发得多，易造成制品干燥。

(8)提高食品的营养价值

糖的营养价值主要体现在它的发热量。100 g 糖能在人体中产生 1 674.72 kJ 的热量。糖极易为人体吸收，可有效地清除人体的疲劳，补充人体的代谢需要。

(9)装饰美化产品

利用砂糖粒晶莹闪亮的质感、糖粉的洁白如霜，撒在或覆盖在制品表面起到装饰美化的效果。

(四)奶和奶制品

烘焙专用奶粉在烘焙食品中的具体作用如下。

1.提高制品的营养价值

面粉是面包、糕点和饼干的主要原料，但面粉中赖氨酸含量较低，维生素含量较少。烘焙专用奶粉中含有丰富的蛋白质和人体所需的必需氨基酸，维生素和矿物质含量丰富。所以将其加入烘焙食品中，可提高食品的营养价值，尤其是强化维生素 B_2 和钙质等。

2.提高面团的吸水率

烘焙专用奶粉中含有大量蛋白质，其中酪蛋白占蛋白质总含量的 80%～82%，酪蛋白含量的多少影响面团的吸水率。乳粉的吸水率为自重的 100%～125%，因此，每增加 1%的乳粉，面团的吸水率就增加 1%～1.25%，烘焙食品的产量和出品率也相应增加，从而使成本降低。

3.提高面团筋力和搅拌能力

烘焙专用奶粉中含有的大量乳蛋白质具有增强面筋的作用，可以提高面团的筋力和强度，不会因搅拌时间的延长而导致搅拌过度，特别是对低筋面粉更有利。

4.提高面团的发酵力

烘焙专用奶粉可以提高面团的发酵力，使之不因发酵时间的延长而成为发酵过度的老面团。此外，烘焙专用奶粉中含有大量蛋白质，对面团发酵过程中pH变化具有一定的缓冲作用，使面团发酵速度适当放慢，有利于面团均匀膨胀，增大面包体积。另外，烘焙专用奶粉可刺激酵母内酒精酶的活力，提高糖的利用率，有利于二氧化碳的产生。

5.改善制品的组织

由于烘焙专用奶粉提高了面团筋力，改善了面团发酵耐力和持气性，因此含有烘焙专用奶粉的制品，组织均匀、柔软、酥松，并富有弹性。

6.延缓制品的老化

烘焙专用奶粉中含有的蛋白质、乳糖及矿物质等成分具有抗老化作用。烘焙专用奶粉中含有的蛋白质可以增加面团吸水率，改善面筋性能，增大面团体积，减慢制品老化速度，提高保鲜期。

7.是焙烤食品良好的着色剂

烘焙专用奶粉中含有具有还原性的乳糖，不能被酵母利用，发酵后仍全部留在面团中。在烘烤期间，乳糖与蛋白质中的氨基酸发生褐变反应，形成诱人的色泽。烘焙专用奶粉用量增多，制品的色泽就加深。乳糖的熔点较低，在烘烤期间着色快。因此，凡是使用较多烘焙专用奶粉的烘焙食品，都要适当降低烘焙温度和延长烘焙时间。否则，制品着色过快，易造成外焦内生的现象。

8.赋予制品浓郁的奶香味

烘焙专用奶粉中的脂肪赋予了制品浓郁的奶香风味。将烘焙专用奶粉加入到烘焙食品中，可以抑制低分子脂肪酸挥发，使奶香更加浓郁，从而起到促进食欲、提高制品食用价值的作用。

(五)蛋与蛋制品

蛋在烘焙食品中的作用如下。

1.提高制品的营养价值

禽蛋的营养成分极其丰富，含有人体所必需的优质蛋白质、脂肪、类脂肪、矿物质及维生素等营养物质，而且消化吸收率非常高，是优质的营养食品。禽蛋具有较高的能值。禽蛋蛋白质含量不仅高，而且属于完全蛋白质或足价蛋白质，其蛋白质的消化吸收率为98%,生物效价为94%,氨基酸评分为100%。禽蛋中含有的磷脂对人体的生长发育极为重要,是大脑和神经系统活动所不可缺少的重要物质。

将蛋品加入到面包、饼干和糕点中,提高了制品的营养价值。此外,蛋品和乳品在营养上具有互补性,蛋品中铁相对较多,钙较少,而乳品中钙较多,铁较少。因此,在面包、糕点和饼干中将蛋品和乳品混合使用,对营养成分可以互相补充。

2.改善制品的色、香、味、形

在面包、糕点表面涂一层蛋液,经烘焙后呈漂亮的红褐色,这是美拉德反应的结果。加蛋的面包、蛋糕成熟后具有特殊的蛋香味,并且结构疏松多孔,体积膨大而柔软。

3.蛋黄的乳化作用

蛋黄中起乳化作用的组分是磷脂、脂蛋白和蛋白质。蛋黄中含有许多磷脂,磷脂具有亲油性和亲水性的双重性质,是一种理想的天然乳化剂。它能使油、水和其他材料均匀地分布在一起,促进制品组织细腻、质地均匀、疏松可口、色泽良好,使制品保持一定的水分,在贮藏期内保持柔软。

目前,烘焙业使用蛋黄粉来生产面包、糕点和饼干。它既是天然乳化剂,又是很好的营养物质。在使用时,可将蛋黄粉和水按1∶1的比例混合,搅拌成糊状后,再添加到面团或面糊中。

4.蛋白的起泡作用

蛋白是一种亲水胶体,具有良好的起泡性,在糕点、面包生产中具有重要意义,特别是在西点的加工装饰方面,蛋白经过强烈搅打,蛋白薄膜将混入的空气包围起来形成泡沫,受表面张力制约,迫使泡沫成为球形。由于蛋白胶体具有黏度和加入的原材料附着在蛋白泡沫层四周,使泡沫层变得浓厚坚实,增强了泡沫的机械稳定性。制品在烘焙时,泡沫内的气体受热膨胀,增大了产品的体积,这时蛋白质遇热变性凝固,使制品酥松多孔并具有一定的弹性和韧性。因此,蛋白在蛋糕、面包中能起到蓬松、增大体积的作用。

蛋白可以单独搅打成泡沫用于生产蛋白类糕点和西点,也可以全蛋的形式加入蛋糕中。

打蛋白是糕点制作中的重要工序,有许多因素影响泡沫的形成。黏度大的物质有助于泡沫的形成和稳定,在打蛋时常加入糖,就是利用糖具有黏度的性质。在生产中一般使用化学性质较稳定的蔗糖,而不宜加入葡萄糖、果糖和淀粉糖等还原糖,以免发生美拉德反应。

油是一种消泡剂,打蛋时千万不要碰上油。油的表面张力很大,而蛋白气泡膜很薄，当油接触到蛋白气泡时，油的表面张力大于蛋白膜本身的延伸力而将蛋白膜拉断，气泡立即消失。蛋黄和蛋白分开使用，就是因为蛋黄中含有油脂的缘故。

pH 对蛋白泡沫的形成有很大影响。蛋白在偏酸性情况下气泡较稳定，而在 pH 6.5～9.5 时形成泡沫能力很强但不稳定。打蛋白时加入酸或酸性物质如磷酸盐、酸性酒石酸钾、醋酸及柠檬酸等，就是调节蛋白的 pH，破坏它的等电点。因为蛋白在等电点时，黏度最低，不起泡或气泡不稳定。

温度与气泡形成有直接关系。在 30℃时新鲜蛋白的起泡性最好，黏性亦最稳定，温度太高或太低均不利于蛋白的起泡。

蛋的新鲜程度也直接影响蛋白的起泡。新鲜蛋的浓厚蛋白多，稀蛋白少，起泡性最好；陈蛋则起泡性较差，特别是长期贮藏和变质的蛋起泡性最差。这是因为蛋中的蛋白被微生物破坏，氨基酸态氮多，蛋白质少，故起泡性差。

5. 蛋的热凝固性

当蛋中的蛋白质受热为 54～57℃时，开始变性凝固，60℃时加快变性，达到 80℃时并在含水分较低时极易碎裂。蛋中的脂肪和磷脂本身能阻止胶状物吸水，有利于制品的可塑性。所以，加有蛋的制品，经油炸或烘焙后，就会更加酥脆。

6. 蛋白可使制品饰裱美化

有些糕点，特别是西点，在成型之后还要在外表进行装饰，装饰的膏、糊就有以蛋白为主要原材料的。当在蛋白中加上色料，调成各种色调，可裱制出各种别致新颖的图案，以起饰裱美化的作用。

(六)馅料

馅料在烘焙食品中的作用如下。

1. 改善制品的口味

含馅产品的口味主要由馅心来体现。因为，其一，大多数包馅产品的馅心在整个产品中占有很大比重，通常是坯料占 50%，馅心占 50%，有些时候馅心甚至能达到 80%；其二，在评判包馅产品时，人们往往将馅心作为衡量的标准，许多产品就因为馅料讲究、做工精细、巧用调料，使产品达到“鲜、香、嫩、润、爽”等特点而大受顾客的欢迎，这些都反映着馅料的质量。

2. 影响产品的形状

馅料与产品的成型有着密切关系。馅料能美化产品的外形，如广式白莲月饼，馅料本身就晶莹剔透，烘烤完成以后产品油润有光泽，并且可以做成各种各样的形状。制作八宝饭等时常用馅料在表面做成各种花纹图案，使外形美观，富有艺术性。坯料包入馅料以后有利于造型、入模，烘烤后不走样，不塌陷，使外观花纹清晰美观，而这对馅料的软硬度、生熟有很大要求。如用于花色品种的馅料，一般应干一些、稍硬一些，这样才能撑住皮坯，保持形态不变；皮薄或油酥制品的馅料，一般情况下应支撑熟馅，以防内外生熟不一或影响形态；皮坯性质柔软的，馅料也应相应柔软，才有利于产品的包捏成型，如果馅料过于粗大，就不利于包捏成型。

3. 形成产品的特色

烘焙食品中有许多独具特色的产品，虽与所用坯料及成型和成熟方法有关，但大多数是通过馅料来突出其风味特色。馅料也体现地方特色，如广式馅料制作精细、口味清淡，具有“鲜、嫩、爽、香”等特点；苏州肉馅多掺鲜美皮冻，卤多味美。

4. 丰富产品的花色品种

由于馅料用料广泛，调味方法多样，加工方法多样，使得馅料的花色丰富多彩，从而丰富了烘焙食品的品种。

（七）食品添加剂

1. 乳化剂

①由于乳化剂本身具有两亲特性，能增加食品组分间的亲和力，降低界面张力，所以能够提高食品质量，改善食品原料的加工工艺性能。

②与淀粉形成配合物，使产品得到较好的瓤结构，增大食品体积，防止老化及保鲜。

③用作油脂结晶调整剂，控制食品中油脂的结晶结构，改善食品口感质量。

④与原料中的蛋白质及油脂配合，增强面团强度。

⑤充气，稳定和改善气泡组织结构，提高食品内部结构质量，使食品更快释放出香味。

⑥提高食品的持水性，使产品更加柔软，可使食品增重。

⑦代替昂贵的配料，降低成本。

⑧乳化后的营养成分更容易被人体吸收，某些乳化剂有杀菌防腐效果。

2. 面团改良剂

面团改良剂是指能够改善面团加工性能、提高产品质量的一类添加剂的统称，面团改良剂还被称为面粉品质改良剂、面团调节剂、酵母营养剂等。面团改良剂现在多为混合制剂，它包括面粉处理剂、乳化剂、酶制剂、食品营养强化剂、水硬度和面团 pH 调节剂、缓冲剂、各种氧化剂和还原剂类物质。

面团改良剂除可以提高面团的筋力外，还能使面团网络结构更具有规律性，纹理清晰，组织均匀，气孔壁薄，透明性好，色泽洁白。

面团改良剂品种繁多，按化学成分可分为无机改良剂、有机改良剂、混合型改良剂。

3. 增稠剂

(1)起泡作用和稳定泡沫作用

增稠剂可以发泡,形成网络结构,它的溶液在搅拌时形成小泡沫,可包含大量气体,并因泡沫表面黏性增加使其稳定。如蛋糕、面包等食品中使用增稠剂CMC等做发泡剂。

(2)成膜作用

增稠剂能在食品表面形成非常光润的薄膜,可防止冰冻食品、固体粉末食品表面吸湿导致的质量下降。

(3)用于生产低能食品

增稠剂都是大分子物质,许多来自天然胶质,在人体内几乎不被消化、吸收,所以用增稠剂代替部分糖浆、蛋白质溶液等原料,很容易降低食品的能量,并且果胶、海藻酸钠还具有降低血液中胆固醇的作用,可用于生产保健食品。

(4)保水作用

在面制品中增稠剂可以改善面团的吸水性,调制面团时,增稠剂可以加速水分向蛋白质分子和淀粉颗粒渗透的速度,有利于调粉。增稠剂能吸收几十倍乃至上百倍于其含量的水分,并有持水性,这些特性可以改善面团的吸水量,增加产品的质量。由于增稠剂有凝胶特性,使面制品弹性增强,淀粉α化程度提高,不易老化变干。

(5)掩蔽作用

增稠剂对一些不良的气味有掩蔽作用,其中环糊精效果最好,但决不能将增稠剂用于腐败变质的食品。

4. 着色剂

着色剂又称食用色素,是以食品着色为目的的食品添加剂。着色剂在烘焙食品中一般用于产品表面装饰、馅料调色以及果料、蜜饯着色等。它可使制品色彩鲜艳悦目,色调和谐宜人,起到一定的美化装饰作用,具有提高商品价值和促进人们食欲的功能。

5. 食品香料

香料和香精是以改善、增加和模仿食品香气和香味为主要目的的食品添加剂,也称香味剂。香料是由多种挥发性物质所组成,食品中使用的香料也称赋香剂或增香剂,可分为天然和人工合成两大类。但在实际食品生产中人们一般多使用香精,即由各种香料调配而成的混合食用香料。香料物质一般属于有机化合物,其分子结构中大多有一定种类的发香基团。

6. 抗氧化剂

食品在贮藏、运输过程中除受微生物的作用而发生腐败变质外,还和空气中的氧发生化学作用，引起食品特别是油脂或含油脂食品变质。这不仅降低食品营养价值，使食品的风味和颜色变劣，而且会产生有害物质，危及人体健康。防止食品氧化变质的方法之一就是在食品中添加抗氧化剂。

抗氧化剂的作用机理比较复杂，主要有以下几种：通过抗氧化剂的还原作用，降低食品内部及周围的氧气含量；组织、弱化氧化酶的作用；由于抗氧化剂能提供氢原子，与脂肪酸自动氧化反应产生的过氧化物相结合，中断连锁反应，从而阻止氧化反应继续进行；能将氧化反应的物质封闭。

7. 防腐剂

防腐剂是对食品中的微生物（含霉菌）具有杀灭、抑制或阻止其生长作用的食品添加剂。在烘焙食品生产中防腐剂的目的不仅是增加食品的保藏时间，还必须保持食品原有的色、香、味和营养成分，起食品保鲜作用。

烘焙食品在贮藏、流通过程中，主要是由微生物生长繁殖引起腐败变质。为延长食品的保存期，在食品中常使用防腐剂对霉菌、需氧芽孢杆菌或革兰氏阴性杆菌等微生物产生抑制作用。与其他食品保存方法相比，正确使用防腐剂具有简捷、无需特殊设备、经济等优点，是被广泛采用的一种保藏食品的方法。

（八）水分和食盐

1. 水在烘焙食品中的作用

要求制作面包等烘焙食品原料用水应是透明、无色、无臭、无异味、无有害微生物，不允许致病菌的存在，满足生活饮用水水质标准。此外，面包加工对水的硬度、酸碱度及温度也有相应要求。

①水化作用使面粉中的蛋白质吸水、胀润形成面筋网络，构成制品的骨架；使淀粉吸水糊化，形成具有加工性能的面团。

②调节和控制面团的黏稠度。

③溶解干性原辅料，使各种原辅料充分混合，成为均匀一体的面团或面糊。

④调节和控制面团温度。

⑤水可促进酵母的生长及酶的水解作用。一切生化反应均需要水作为反应介质，在水溶液中进行。

⑥作为烘焙、蒸制的传热介质。

⑦制品中保持一定的含水量可使其柔软湿润，延长制品的保鲜期。

2. 食盐在烘焙食品中的作用

①增进制品风味。

②调节和控制发酵速度。

③增强面筋筋力。

④改善面包的内部颜色。

⑤增加面团调制时间。

四、烘焙食品的加工工艺及操作要点

(一)面包的加工工艺

面包，是一种用五谷(一般是麦类)磨粉制作并加热而制成的食品。以小麦粉为主要原料，以酵母、鸡蛋、油脂、果仁等为辅料，加水调制成面团，经过发酵、整形、成型、焙烤、冷却等过程加工而成的烘焙食品。

1. 面包的分类

①面包按用途可以分为“主食面包”和“点心面包”两类。

②按质感可以分为“软质面包”、“脆皮面包”、“松质面包”和“硬质面包”四类。

③按原料可以分为白面包、全麦面包和杂粮面包三类。

从热量来说，以表皮干脆的脆皮面包热量最低，因为这类面包不甜，含糖、盐和油脂都很少，烘焙后表皮脆硬，趁热吃非常可口。法式主食面包和俄式“大列巴”都属于这一类，营养价值和馒头大体类似。硬质面包和软质面包中均加入鸡蛋、糖、牛奶、油脂等材料，只是加入的水分不同。孩子们喜欢的吐司面包、奶油面包和大部分花色点心面包都属于软质面包。软质甜面包含糖约15%，油脂约10%，吐司面包更多一些，但因为加入了鸡蛋和奶粉，营养价值也有所提高，适合给儿童食用。

2. 工艺流程

面包加工工艺流程如图3-1所示。

原辅材料处理→第一次调制面团→第一次发酵→第二次调制面团→第二次发酵→整形→成型→烘焙→冷却→包装→成品

图3-1　面包加工工艺流程图

3. 操作要点

(1)原材料预处理

①压榨酵母：压榨酵母要在使用前4～5 h，必须从冷库中取出，让其逐渐升温软化，使酵母逐步恢复活性，一般可用5倍25～28℃的温水搅拌溶化，5 min后便可使用。

②活性干酵母：活性干酵母是由压榨酵母在低温真空条件下脱水制成的，其发酵能力有所减弱，所以必须经过活化后才能使用，即加入酵母质量约10倍的水，水温应控制在40～44℃。活化时间为10～20 min，活化期间应不断搅拌。

③面粉：一般工厂在面粉投产前还应根据季节进行调温处理，使之适合于加工工艺要求。在冬季应将面粉提前2～3 d运入车间或较暖和的地方以提高面粉的温

度，利于加快发酵速度；在夏季要将面粉存放在低温干燥、通风良好的地方，以防止面粉的温度过高。面粉使用前必须过筛。过筛除可以清除杂质外，还能使面粉形成松散而细小的颗粒，并获得一定量的空气，有利于面团的形成，能促使面团发酵、成熟。

④水：水质一般有软水和硬水之分。面包生产一般用中等硬度（总硬度在100 mg/L左右）最为适宜。水的硬度太大会延缓发酵速度，面包虽然色泽较白，但口感粗糙，成品易老化，面筋过于强韧。用软水生产面包，会使面团发黏，发酵时间缩短，面包塌陷。为了适应面包的生产，对硬度过大的水，可加碳酸钠进行软化；对过软的水可添加微量硫酸钙、碳酸氢钙等。

⑤砂糖：需要在使用前用温水溶化，再经过滤除去杂质后使用。

⑥食盐：应用水溶化过滤后使用。

⑦油脂：奶油、人造奶油、氢化油、椰子油等油脂在使用前应加热软化，但不能完全熔化。

(2)调制面团

面团调制即将处理好的原辅料按配方的用量，根据一定的投料顺序，调制成具有适合加工性能的面团。投料时必须将水直接与面粉接触，使蛋白质充分吸水形成大量面筋，这样面团在发酵过程中，酵母排出的气体不易逸出，容易形成蓬松面团，使产品组织松软体积大。调粉面团的体积占调粉机缸体的30%～65%最为适宜。调制面团一般使用25～80 r/min。搅拌要均匀、适度。

(3)面团发酵

温度控制在25%～30℃，相对湿度为75%～85%。

(4)整形、醒发

把面团分块称量、搓圆、静置醒发。将静置醒发完毕的面团经过机械或手工整形。

(5)烘焙

烘焙过程一般分为三个阶段。

第一阶段：本阶段面包刚入炉，必须让面包体积进一步膨胀，所以炉内面包坯要保持60%～70%的湿度，烤炉的面火要低，以防止面包结皮，一般控制在120℃左右；底火要高，使底面大小固定，增大体积，一般控制在200～220℃，不要超过260℃。

第二阶段：本阶段是面包的成熟阶段，可持续2～5 min。此时，面火可达270℃，使面包很快定型，面包内部温度为50～60℃，面包体积已基本上达到成品的体积要求，面筋已膨胀至弹性极限，淀粉已经糊化，酵母活动停止。因此，该阶段需要提高温度使面包定型。面火、底火可同时提高温度，面火改为200～250℃，底火可控制在270～300℃，烘烤时间为3～4 min，使面包定型成熟。

第三阶段：此阶段是面包上色、增加香气、提高风味的阶段。此时，面包已经定型并基本成熟，炉温逐步降低。面火一般在 180～200℃，此温度可使面包表面发生美拉德反应，产生金黄色表皮，并产生香气；底火可降至 140～160℃，面包坯经过三个阶段的烘焙，即可生成色、香、味俱佳的面包。

(6)冷却

冷却的方法有自然冷却法、吹风冷却法和真空快速冷却法。

(7)包装

常用面包包装材料：奶油纸、焙烤纸、聚乙烯、聚丙烯、OPP/PE 复合薄膜。

(二)饼干的加工工艺

饼干的主要原料是小麦面粉，再添加糖类、油脂、蛋品、乳品等辅料。根据配方和生产工艺的不同，甜饼干可分为韧性饼干和酥性饼干两大类。韧性饼干的特点是印模造型多为凹花，表面有针眼，制品表面平整光滑，断面结构有层次，口嚼时有松脆感，耐嚼，松脆为其特有的特色。

1. 韧性饼干工艺流程

韧性饼干加工工艺流程如图 3-2 所示。

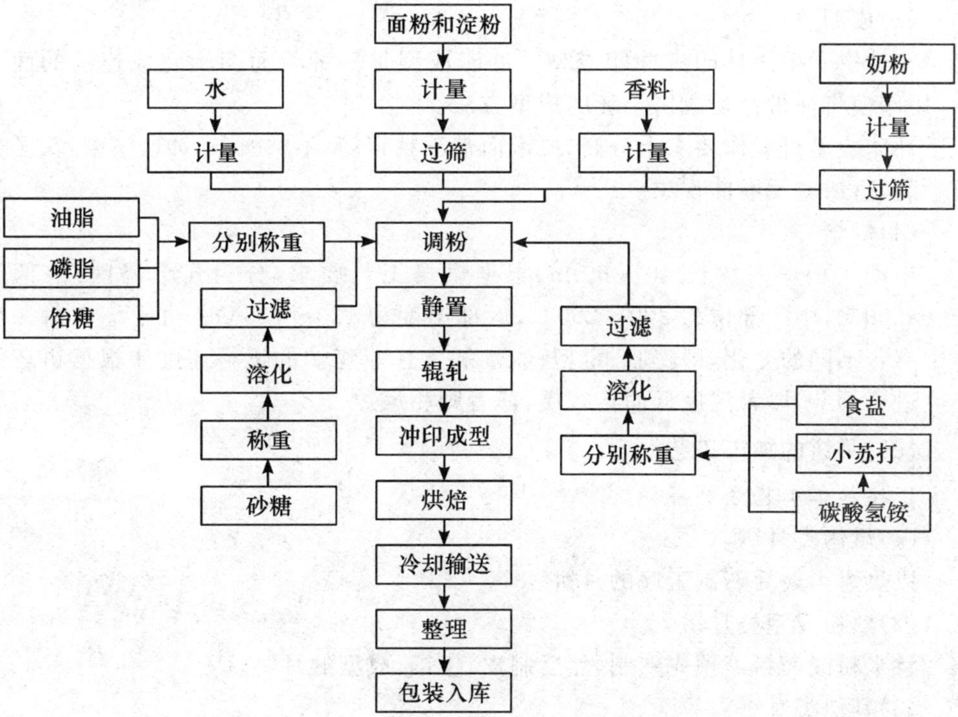

图 3-2　韧性饼干加工工艺流程图

2.韧性饼干操作要点

(1)面团调制

面团调制就是将预处理过的原辅料按照要求配合好,然后在和面机中加入一定量的水(或不加水),用搅拌的方式制成适合于加工饼干的面团或浆料的过程。

面团的调制是饼干生产过程中一个非常关键的环节。面团调制是否适当,直接关系到产品的外形、花纹、酥松度以及内部结构性能等,不仅对产品质量有重要影响,而且对成型操作能否顺利进行起着决定性的作用。

(2)辊轧

面团的辊轧过程,简单地讲就是使形状不规则、内部组织比较松散的面团通过相向、等速选装的一对轧辊(或几对轧辊),使之变成厚度均匀一致、横断面为矩形的内部组织密实的面带。辊轧可以排除面团中的部分气泡,防止饼干坯在烘焙后产生较大的孔洞,还可以提高面团的结合力和表面光洁度,使制品横断面有清晰的层次结构。

(3)成型

韧性饼干采用冲印机冲印成型。冲印成型是一种将面团辊轧成连续的面带后,用印模将面带冲切成饼干坯的成型方法。

冲印成型机操作要求十分高,要求面带不粘辊筒,不粘帆布,冲印清晰,头子分离顺利,落饼时无卷曲现象。

(4)烘焙

传动式平炉一般长 40～60 m,根据烘焙工艺要求,分为几个温区:前部为 180～200℃,中间部位为 220～250℃,后部温度为 120～150℃。饼干坯在每一部位中有着不同的变化,即膨胀、定型、脱水和上色。烤炉的运行速度要根据饼坯的厚度进行调节,厚者温度低而运行慢,薄者则相反。

(三)月饼的加工工艺

1.按加工工艺分类

(1)烘烤类月饼

以烘烤为最后熟制工序的月饼。

(2)熟粉成型类月饼

将米粉或面粉等预先熟制,然后制皮、包馅、成型的月饼。

(3)其他类月饼

应用其他工艺制作的月饼。

2. 按地方风味特色分类

(1)广式月饼

以广东地区制作工艺和风味特色为代表的,使用小麦粉、转化糖浆、植物油、碱水等制成饼皮,经包馅、成型、刷蛋、烘烤等工艺加工而成的口感柔软的月饼。

(2)京式月饼

以北京地区制作工艺和风味特色为代表的,配料上重油、轻糖,使用提浆工艺制作糖浆皮面团,或糖、水、油、面粉制成松酥皮面团和,经包馅、成型、烘烤等工艺加工而成的口味纯甜、纯咸,口感松酥或绵软,香味浓郁的月饼。

(3)苏式月饼

以苏州地区制作工艺和风味特色为代表的,使用小麦粉、饴糖、油、水等制皮,小麦粉、油制酥,经制酥皮、包馅、成型、烘烤等工艺加工而成的口感松酥的月饼。

(4)其他

以其他地区制作工艺和风味特色为代表的月饼。

3. 按馅料分类

(1)蓉沙类

①莲蓉类:包裹以莲子为主要原料加工成馅的月饼。除油、糖外的馅料原料中,莲籽含量应不低于60%。

②豆蓉(沙)类:包裹以各种豆类为主要原料加工成馅的月饼。

③栗蓉类:包裹以板栗为主要原料加工成馅的月饼。除油、糖外的馅料原料中,板栗含量应不低于60%。

④杂蓉类:包裹以其他含淀粉的原料加工成馅的月饼。

(2)果仁类

包裹以核桃仁、杏仁、橄榄仁、瓜子仁等果仁和糖等为主要原料加工成馅的月饼。馅料中果仁含量应不低于20%。

(3)果蔬类

①枣蓉(泥)类:包裹以枣为主要原料加工成馅的月饼。

②水果类:包裹以水果及其制品为主要原料加工成馅的月饼。馅料中水果及其制品的用量不低于25%。

③蔬菜类:包裹以蔬菜及其制品为主要原料加工成馅的月饼。

(4)肉与肉制品类

包裹馅料中添加了火腿、叉烧、香肠等肉与肉制品的月饼。

(5)水产制品类

包裹馅料中添加了虾米、鱼翅(水发)、鲍鱼等水产制品的月饼。

(6)蛋黄类

包裹馅料中添加了咸蛋黄的月饼。

4. 工艺流程

月饼加工工艺流程如图 3-3 所示。

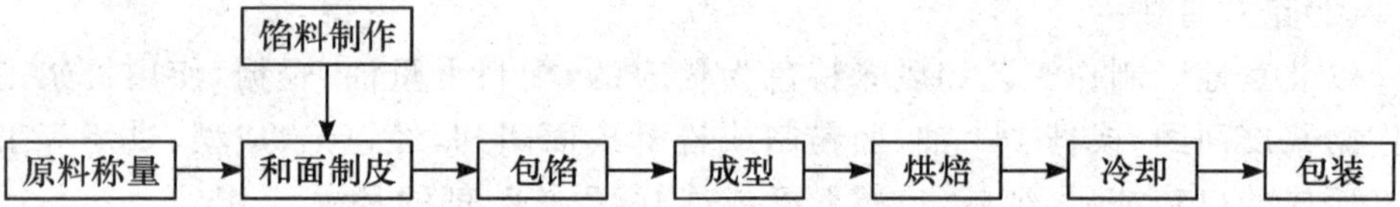

图 3-3　月饼加工工艺流程图

5. 操作要点

(1)和面

首先将煮沸溶化过滤后的白糖糖浆、饴糖及已溶化的碳酸氢铵投入调粉机中，再启动调粉机，充分搅拌，使其乳化成为乳浊液。然后加入用作皮料的面粉，继续搅拌，调制成软硬适中的面团。停机以后，将面团放入月饼成型机的面料斗中待用。

(2)制馅

首先将糖粉、油及各种辅料投入到调粉机中，待搅拌均匀后，再加入熟制面粉继续搅拌均匀，即成为软硬适中的馅料，放入月饼机中的馅料斗中待用。

(3)成型

开动月饼成型机，输面制皮机构、输馅定量机构与印花机构相互配合即可制成月饼生坯。

(4)烘焙

制成后的生坯经手工或成型机的附件摆盘以后，送入烤炉内进行烘烤，炉温为 240℃左右，烘焙时间为 9～10 min。

(5)冷却

月饼的水、油、糖含量较高，刚刚出炉的产品很软，不能挤压，不可立即包装，否则会破坏月饼的造型美观，而且热包装的月饼容易给微生物的生存繁殖创造条件，使月饼变质。因此，月饼出炉以后便进入输送带，待其凉透后可装箱入库。

(四)蛋糕的加工工艺

蛋糕是一种古老的西点，一般是由烤箱制作的。蛋糕是用鸡蛋、白糖、小麦粉为主要原料，以牛奶、果汁、奶粉、香粉、色拉油、水，起酥油、泡打粉为辅料，经过搅拌、调制、烘烤后制成一种像海绵的点心。

1. 工艺流程

蛋糕加工工艺流程如图 3-4 所示。

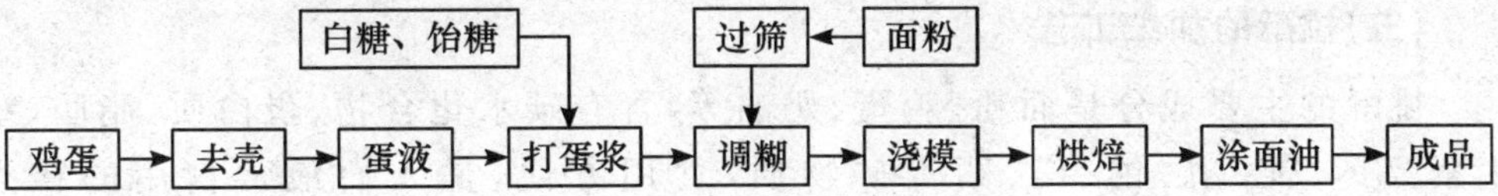

图 3-4　蛋糕加工工艺流程图

2. 操作要点

(1)加工糖粉

将优质无杂质的白砂糖用粉碎机粉碎成糖粉。

(2)打蛋浆

将糖粉、蛋液、饴糖等一起放入搅蛋机容器内,启动搅蛋机,搅拌钢丝球高速旋转,使空气大量混入蛋液并使白糖充分溶化,形成饱和稳定的泡沫黏稠胶体。为使蛋的打发度更好,在蛋液搅拌 3～5 min 后加入一定量的速发蛋糕油(用量为面粉含量的 3%～5%),继续搅打使蛋浆泡发,基本完成时加入适量温水,再继续搅打约 20 min。

(3)调糊

调糊又称和粉或拌面。面粉先过筛,如需用发酵粉,则将发酵粉预先与面粉拌匀。调浆时间不宜过长,只要把面粉和匀,不见生粉团粒即可。

(4)浇模

蛋浆调糊结束后,应立即浇模,不可久置。蛋糕浇模一般使用铁皮模,在使用前应涂上一层植物油或猪油。入模方法一般是用汤舀糊入模或将蛋糊装入三角袋中挤入印模内,大批量生产也有用注料机的。不管哪种方法,注入印模中的蛋糊应大体相当,每模的量约为八成,不可太满。如需在表面撒果仁、蜜饯等,应在入炉时撒入,过早撒入易沉下。

(5)烘焙

烘焙蛋糕进炉温度应在 160～180℃,10 min 后升至 180～200℃,出炉温度应在 200～220℃。炉温控制一般是:蛋糕规格大而厚时,炉温可适当低一些,烘焙时间长一些,反之,炉温可适当高一些,烘焙时间短一些。蛋糕在炉内定型前处于半流体状态,铁皮不能随便震动,以免“走气”,造成蛋糕中心下陷。

蛋糕是否烤熟,判别方法有二:一是用竹签插入蛋糕中心,然后拔出,若竹签上粘有蛋糊,则说明没有熟好,若未粘蛋糊,说明已经熟透,即可出炉;二是用手指轻按蛋糕，松手后可恢复原状，表明熟好，反之则需要再烤一烤。

蛋糕出炉后可在表面刷上一层食用植物油，使之光滑油亮，同时也具有一定的保湿和防止微生物生长的作用。

(五)桃酥的加工工艺

桃酥的主要成分是面粉、鸡蛋、奶油等，含有碳水化合物、蛋白质、脂肪、维生素及钙、钾、磷、钠、镁、硒等矿物质，食用方便，是人们最常食用的糕点之一。

1. 原辅材料

面粉、油脂、砂糖、鸡蛋、泡打粉、小苏打、杏仁(或瓜子仁、核桃仁、花生仁)等。

2. 工艺流程

桃酥加工工艺流程如图 3-5 所示

配料 → 调粉 → 成型 → 烘烤 → 冷却 → 包装

图 3-5　桃酥加工工艺流程图

3. 配料标准

面粉 50 kg、油脂 25 kg、砂糖 25 kg、鸡蛋 5 kg、泡打粉 5 kg、小苏打 0.5 kg、杏仁(或瓜子仁、核桃仁、花生仁)3 kg。

4. 操作要点

(1)调粉

首先将油、糖、鸡蛋等充分混匀，制成乳状液，倒入面粉，边翻边拌，尽量避免揉搓，防止面团起筋，影响产品的疏松度。

(2)成型

将调好的面团摊放在不锈钢面板上，用手稍稍压平后，盖上一层塑料布，然后用擀杖反复擀压至厚度为 1 cm 的面饼。将杏仁撒在面饼上，再盖上塑料布，用擀杖轻轻擀压，使杏仁瓣嵌入面饼中。将印模放在面饼上用力下压，将面饼分成若干个大小均匀的饼坯。

(3)烘烤

将成型好的饼坯放入烤盘中，注意不要太密，否则产品在烤时会摊发相粘。将烤盘立即关入烤炉，进炉温度设定为 154℃左右，在此温度下烘烤 3～4 min，然后升温至 180℃，烘烤 5～6 min。使产品适度摊发，表面裂纹良好。

(4)冷却、包装

出炉后，冷却至 30～40℃。

五、烘焙机械与设备的安全使用

(一)主要设备

1. 和面机

和面机被用来调制黏度极高的浆体或弹塑性固体，揉制不同性质的面团，如酥性面团、韧性面团、水面团等。

搅拌容器轴线处于垂直位置的，称为立式和面机（图 3-6）；搅拌器容器轴线处于水平位置的，称为卧式和面机（图 3-7）。

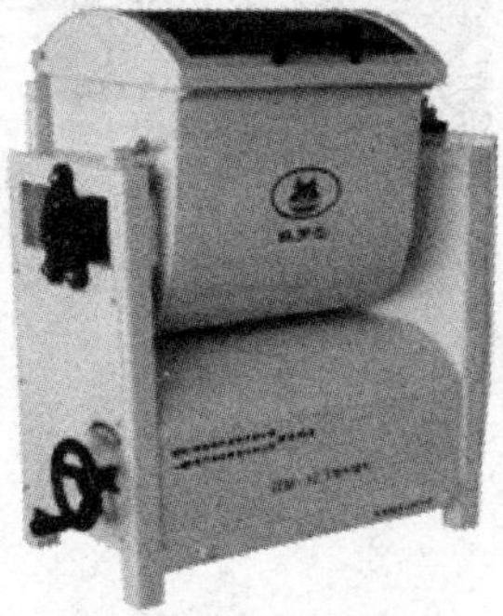

图 3-6　立式和面机

图 3-7　卧式和面机

2. 成型机

成型机是用于整形的设备，许多花色复杂的产品需要人工整形。

3. 烤炉

烤炉是用于烘烤的设备。烤炉按照热源不同，可分为煤炉、煤气炉和电炉，按照结构形式不同可分为箱式烤炉（图 3-8）和隧道烤炉（图 3-9）。

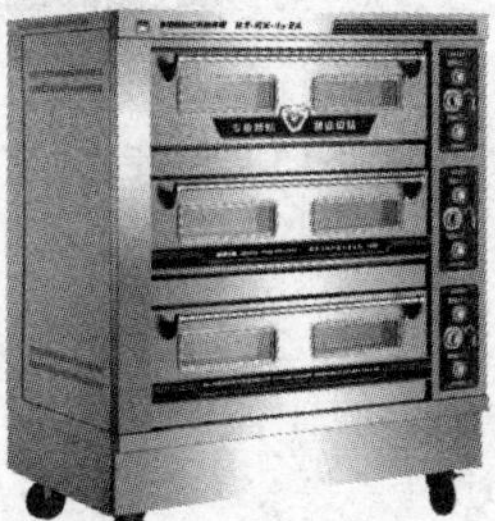

图 3-8　箱式烤炉

图 3-9　隧道烤炉

4. 打蛋机

打蛋机是用于将鸡蛋打成蛋糊的机械(图 3-10)。

5. 包馅机

包馅机是用于包馅料的设备(图 3-11)。

图 3-10　打蛋机

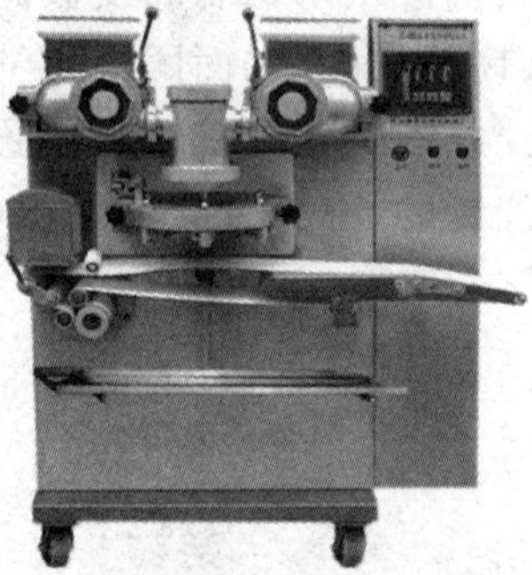

图 3-11　包馅机

6. 油炸机

油炸机是用于油炸类烘焙食品的加工(图 3-12)。

7. 包装机

包装机是用于包装、喷码等的设备(图 3-13)。

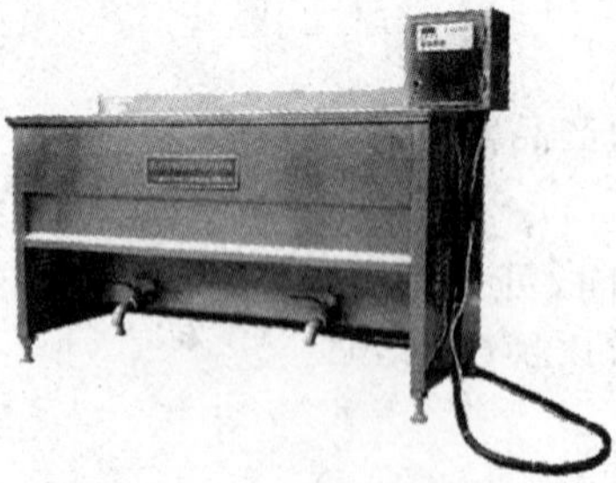

图 3-12　油炸机

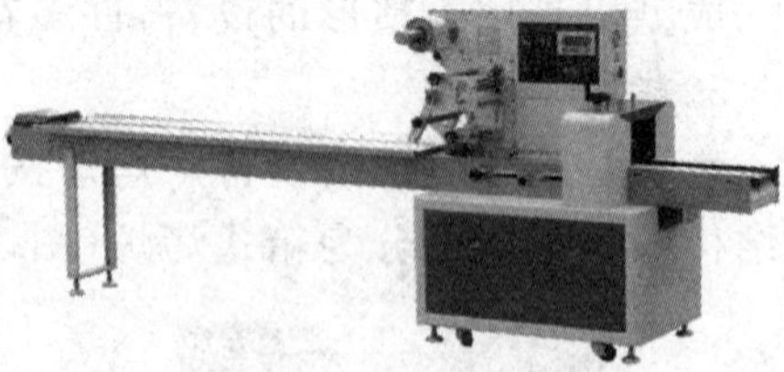

图 3-13　包装机

8. 蒸箱

蒸箱如图 3-14 所示。

9. 注模机

注模机如图 3-15 所示。

图 3-14　蒸箱

图 3-15　注模机

(二)烘焙设备需采取的安全措施

①超出机架的传动件和不安全的工作部件要安装防护装置。

②在以电力作为动力源或热源的设备上,要进行可靠接地,以防触电。

③在加热设备中,要安装温度自控装置,以免发生火灾。

④定期检查和维修,及时修换易损零件,消除隐患。

⑤对操作工作进行机械知识和安全知识的教育,并进行培训和考核后再单独操作。

(三)设备使用注意事项

①使用前要了解所使用设备的性能、工作原理和操作规程,同时还应该了解设备在该工序中所需的各种要求。

②了解设备性能后,使用前要认真检查易损零件的完好情况,发现损坏的零件及时维修或更换。对摩擦件要经常进行检查,并上好润滑油。

③在开机前,必须检查和清理场地,防止其他物件卷入机内。

④开机之前,要检查电器开关和保险装置是否完整,若有损坏或短缺时,要采取相应措施。注意电器是否受潮或沾水。

⑤操作机械时必须戴好工作帽、穿好工作服,防止头发和工作服卷入机器中。

⑥开机时,要检查是否有助手或其他人员处在不安全的位置。设备运行时,工作人员要集中注意力,不能离开工作岗位,发现有异常声响时应分析原因或立即停机检查。

⑦由于烘焙机械大多一机多用,因此,生产时应根据不同的产品需要,对其规格、设备的速度、温度等进行调节,还要视气温、原料等进行调节。

⑧要严格遵守操作规程。

六、烘焙食品检验

(一)感官检验

1. 检测前的准备

①检测前0.5 h,由样品制备员将感官检测室的换气扇打开,并将空调开启至20～25℃,记录室内温度、湿度。

②感官检测员在接到检测任务后,提前15 min到达感官检测室,按指定位置就座,调整状态,保持安静。

③样品制备员按要求准备样品,填写“感官检测原始记录”中的“样品编号”、“检测依据”、“检测项目”后发放给感官检测员。

④感官检测员收到“感官检测原始记录”后,首先填写“健康状况”项目,对个人健康状况进行自查,如有不适合感官检测的症状,主动向组长提出。

⑤感官检测员根据“感官检测原始记录”上的“检测依据”所示标准号,查找《感官检测标准》,仔细阅读检测项目规定。

⑥样品制备员准备漱口用水、相关检测用具(刀、叉、牙签等)、一次性手套、纸巾、垃圾桶等用品,每人一份。

2. 检测流程

①样品制备员首先发放完整样品,每位检测员观察1 min左右,并填写“外观”、“色泽”等检测项目。

②完整样品检测结束后,样品制备员发放分割样品,每位检测员观察、品尝5 min左右,填写“滋味”、“气味”、“组织状态”等检测项目。

③每个品种检测结束后,感官检测员需休息5～10 min,方可进行下一轮检测。

(二)微生物检验

微生物的检验是焙烤食品中一项重要的工作,方法和相关内容同《食品微生物检验》。执行标准如下。

1. 菌落总数检验

执行GB 4789.2《食品微生物学检验 菌落总数测定》。

2. 大肠菌群检验

执行GB 4789.3《食品微生物学检验 大肠菌群计数》。

(三)理化检验

烘焙食品理化检验的指标是产品质量评定的重要参数,方法和相关内容同《食品营养分析》。执行标准如下。

1. 水分检测

执行 GB 5009.3《食品中水分的测定》。

2. 食品中灰分的检测

执行 GB 5009.4《食品中灰分的测定》。

3. 蛋白质检测

执行 GB 5009.5《食品中蛋白质的测定》。

4. 脂肪检测

执行 GB/T 5009.6《食品中脂肪的测定》。

5. 还原糖的检测

执行 GB/T 5009.7《食品中还原糖的测定》。

6. 食品中蔗糖的检测

执行 GB/T 5009.8《食品中蔗糖的测定》。

7. 淀粉的检测

执行 GB/T 5009.9《食品中淀粉的测定》。

相关网站

www.foodmate.net

学习项目　烘焙食品加工工艺

学习任务

1. 对烘焙食品的生产现状和发展前景有所了解。
2. 掌握烘焙食品的分类的方法和分类内容，掌握烘焙食品主要原料及其作用。
3. 知道烘焙食品的加工工艺及操作要点。
4. 认识烘焙机械，掌握加工设备的安全使用常识。
5. 熟悉烘焙食品检验的项目和内容。

本项目采用理论教学，需 4 学时完成。

一、学习准备

课程导入

在你的日常饮食中，烘焙食品占多少？你喜欢哪些烘焙食品？

小词典：烘焙食品的营养价值

烘焙食品受到消费者的欢迎不仅是口味好，而且营养也很丰富。大多数烘焙食品，都适合添加各种富有营养的食物原料，补充其加工过程流失的营养，并可强化一些营养成分。其主要原料小麦粉本身营养非常丰富，小麦粉所含蛋白质是大米的2～3倍，是玉米粉的2倍左右，尤其是其含钙量约为大米的4倍，在玉米粉的8倍以上。维生素B_1、维生素B_2、尼克酸等含量小麦粉都是大米的3～4倍。此外，烘焙食品由于酵母菌的理化作用，富含蛋白质、氨基酸，易于吸收，具有良好的口感和色泽。因此，在西方国家，烘焙食品中的面包几乎成了食物和粮食的代名词。

预习单

1. 为了提高食品的安全性，烘焙食品企业必须注意哪些方面的控制？
2. 浅议烘焙食品的发展方向。
3. 西式烘焙面食品可以分为哪四大类？
4. 中式烘焙类食品一般指糕点，糕点是如何分类的？
5. 热加工糕点分为哪四类？如桃酥属于(　　)，月饼属于(　　)。
6. 冷加工糕点分为哪几种？
7. 生产面包一般用(　　)等级的小麦粉。
8. 低筋小麦粉用于生产哪些烘焙食品？
9. 专用小麦粉是指专供生产某类食品或只作某种用途的小麦粉。我国现在已经有行业标准的专用小麦粉有哪些？
10. 油脂在烘焙食品的作用是什么？
11. 烘焙食品常用油脂有哪些？
12. 烘焙食品中常用糖主要有哪些？
13. 烘焙专用奶粉在焙烤食品中的作用是什么？
14. 蛋在烘焙食品中的作用表现在哪些方面？
15. 馅料在烘焙食品中的作用是什么？
16. 在烘焙食品加工中常用的食品添加剂有哪些？
17. 使用食品添加剂的原则是什么？
18. 食盐在烘焙食品中的作用有哪些？
19. 写出面包的加工工艺流程。
20. 加工面包的原材料预处理时，酵母(干酵母、压榨酵母)如何处理？面粉在投产前应如何处理？水、砂糖、油脂等如何处理？
21. 如何调制面团？
22. 面团发酵温度、相对湿度有何要求？如何控制？
23. 烘焙过程的炉温如何调控？
24. 面包冷却、包装有何要求？如何操作？

25. 韧性饼干采用冲印机冲印成型，冲印成型机操作要点有哪些？
26. 写出月饼、蛋糕、桃酥的加工工序。
27. 写出桃酥的加工工序。（列举至少 5 项）
28. 使用烘焙设备的安全措施主要有哪些？
29. 使用烘焙设备时应注意哪些问题？
30. 微生物检验主要项目及执行的标准分别是什么？
31. 理化检验的内容有哪些？

二、教学实施

在教师的引导下，以学习小组为单位完成下列学习页。

学习页

（一）烘焙面食品的分类（通过观看实物、资料图片、录像资料完成）

种类	西式烘焙食品	中式烘焙食品
展现形式		
品种		
生产企业		
销售方式		
价格		
学生补充		

（二）烘焙面食品加工设备的熟悉（通过观看实物、资料图片、录像资料完成）

食品类型	设备名称	作用	操作时的要求
面包			
蛋糕			
饼干			
月饼			

（三）烘焙面食品加工工艺的熟悉和探讨（通过观看录像资料完成）

1. 面包加工工艺与质量监控

面包加工的主要工序 （一次发酵）	
操作要点	
作业难点	
注意事项	
改进建议	

2.蛋糕加工工艺与质量监控

蛋糕加工的主要工序	
操作要点	
作业难点	
注意事项	
改进建议	

3.月饼加工工艺与质量监控

月饼加工的主要工序	
操作要点	
作业难点	
注意事项	
改进建议	

4.饼干加工工艺与质量监控

饼干加工的主要工序	
操作要点	
作业难点	
注意事项	
改进建议	

5.桃酥加工工艺与质量监控

桃酥加工的主要工序	
操作要点	
作业难点	
注意事项	
改进建议	

(四)烘焙面食品检验项目的学习

项目	检验项目	依据标准
感官检验		
微生物检验		
理化检验		
注意事项		

三、评价与反馈

按照附录的考核单评价。

四、总结与反思

1. 烘焙食品的发展前景如何？
2. 我国与发达国家烘焙食品的生产的主要差距表现在哪些方面？

五、拓展学习

根据营养平衡的特点，谈谈烘焙面食品的原料配方问题。

实训项目一　加工面包

实训任务

1. 会选择生产面包的原辅料。
2. 会主食面包和甜面包加工的主要工序。
3. 会使用面包加工的主要设备设施。
4. 能进行主食面包和甜面包的加工生产。

本项目利用真实环境生产加工主食面包和甜面包，需 8 学时完成。

一、实训准备

(一)原辅料选择、准备

以学习小组为单位，准备加工主食面包和甜面包所需的原辅料。

(二)加工设备的检查、清洗

1. 以学习小组为单位检查加工设备的完好性、清洁度。
2. 不符合加工要求的设备或工具及时补充。

二、实训教学的实施

以学习小组为单位，完成面包的加工任务，并完成下列工作页。

工作页

(一)原辅料处理

项目	面粉	酵母	糖	油脂	蛋品	食盐	水	其他
是否合格								
用量								
预处理方式								

(二)调制面团、发酵(按二次发酵法加工)

项目	调制种子面团	第一次发酵	调制主面团	第二次发酵
工作要点				
要求				

小资料:面包烘焙工职业能力考核规范(表 3-2)

表 3-2 面包烘焙工职业能力考核规范

能力名称:面包烘焙		职业领域:糕点面包烘焙工	
工作任务	操作规范	相关知识	考核比重/%
(一)烘制准备	1. 能检查工器具是否完备 2. 能进行工器具、操作台等的卫生清洁和消毒工作 3. 能按照产品要求选择原料和辅料 4. 能配比原辅料	1. 烘焙面包的种类 2. 烘焙面包的营养价值知识 3. 食品原辅料基础知识 4. 面包烘焙工器具常识 5. 面包烘焙卫生基础知识 6. 主要原料的性能和营养基础知识 7. 原辅料配比基础知识 8. 称重器具的使用方法	25
(二)面团醒发	1. 能操作搅拌机,将面粉和各种辅料调制成产品品种和工艺要求所需的面团 2. 能对面团进行发酵 3. 能运用分割机根据面包种类与规格进行分割和称量 4. 能运用滚圆机进行面包初成型 5. 能使用面包模具成型 6. 能手工完成简单的面包造型 7. 能判断面团是否达到二次醒发 8. 能根据面包的造型要求进行修型 9. 能进行排盘 10. 能调节醒发箱的温度、湿度和时间,使半成品最终醒发	1. 面包加工工艺基础知识 2. 搅拌机的操作常识 3. 面团调制工艺常识 4. 发酵工艺常识 5. 分割机的操作、维护和保养知识 6. 滚圆机的操作知识 7. 面团在各种类型的模具内成型所需要的不同条件 8. 面包造型工艺基础知识 9. 面包修型的方法和要求	50

续表 3-2

能力名称：面包烘焙		职业领域：糕点面包烘焙工	
工作任务	操作规范	相关知识	考核比重/%
（三）烘焙	1. 能清洁、维护和保养面包烤箱 2. 能对最终发酵的半成品进行上光 3. 能按各类面包的工艺要求调整烤箱温度、湿度、时间 4. 能冷却各类面包 5. 能对各类面包进行包装	1. 各种面包烤箱的特点、用途和使用方法 2. 各烤箱的清洁、维护和保养知识 3. 上光的作用、要求和上光材料的基础知识 4. 面包冷却和包装的基础知识和卫生要求	25

（三）切块、整形、醒发

项目	切块	整形	醒发
设备			
工作要点			
要求			

（四）烘烤、冷却、包装

项目	烘烤	冷却	包装
设备			
工作要点			
要求			

（五）面包的感官品评

以学习小组为单位对每组产品进行感官评价。

组别	一组	二组	三组	四组
形态				
表面色泽				
组织				
滋味与口感				
杂质				
教师总结				

课后拓展：调查面包的销售状况、渠道、价格，现在市场上的面包存在什么问题？

三、评价与反馈

按照附录的考核单评价。

四、总结与反思

1. 以学习小组为单位，整理出未知问题或内容，并进行讨论。
2. 本次实训有何感想？

五、拓展学习

1. 总结自己学习中还需要解决的问题？
2. 进行一次大型面包企业的实地调查，了解企业亟待解决的问题，要求有调查方案、调查报告。

实训项目二　加工夹心饼干

实训任务

1. 会选择生产饼干的原辅料。
2. 会夹心饼干加工的主要工序。
3. 清楚各加工环节的关键控制点并能严格控制。
4. 会使用饼干加工的主要设备设施。

本项目利用真实环境生产加工夹心饼干，需 6 学时完成。

一、实训准备

(一)原辅料选择、准备

以学习小组为单位，准备加工夹心饼干所需的原辅料。

(二)加工设备的检查、清洗

1. 以学习小组为单位检查加工设备的完好性、清洁度。
2. 不符合加工要求的设备或工具及时补充。

二、实训教学的实施

以学习小组为单位，完成夹心饼干的加工任务，并完成下列工作页。

工作页

(一)原辅料处理

项目	面粉	淀粉	糖	奶油	奶粉	食盐	碳酸氢钠	馅料
是否合格								
用量								
预处理方式								

(二)配料、和面、辊轧成型

项目	配料	和面	辊轧成型
设备			
工作要点			
要求			

小词典:夹心饼干的工艺流程及操作要点

夹心饼干加工工艺流程如图 3-16 所示。

和面→成型→码盘→烘烤→冷却→夹馅→装箱

图 3-16　夹心饼干加工工艺流程图

1. 和面:先将糖粉、黄油、蛋液打匀,再放猪油、碳酸氢钠、牛奶搅打均匀,最后加入富强粉搅匀即可。

2. 成型:先将和好的面皮擀平,压平,然后用直径 6.8 cm 的模具将皮面制成圆形,重量为每 20 块 0.42～0.45 kg 的面坯。

3. 码盘:横向码放 6 个面坯,纵向码放 5 个面坯,两个之间的距离保持在 1 cm 左右。

4. 烘烤:面火(240±20)℃,底火(230±20)℃。

5. 冷却:自然冷却至不烫手。

6. 夹馅:每两块圆面坯夹(15±1) g 苹果酱馅。

7. 装箱:1 000 g/箱。

(三)烘烤、冷却、夹馅、包装

项目	烘烤	冷却	夹馅	包装
设备				
工作要点				
要求				

(四)饼干的感官品评

物料名称	标准(GB/T 20980—2007)	组 1	组 2	组 3	组 4
形态	外形完整,边缘整齐,夹心饼干不错位,不落片,饼干表面应符合饼干单片要求,夹心层厚薄基本均匀,夹心或注心料无外溢				
色泽	饼干单片呈棕黄色或品种应有的色泽,色泽基本均匀。夹心或注心料呈改料应有的色泽,色泽基本均匀				
滋味与口感	应符合品种所调制的香味,无异味,口感疏松或松脆,夹心料细腻,无糖粒感				
组织	饼干单片断面应具有相应品种的结构,夹心或注心层次分明				

三、评价与反馈

按照附录的考核单评价。

四、总结与反思

1. 以学习小组为单位,整理出未知问题或内容,并进行讨论。

2. 本次实训有何感想?

五、拓展学习

1. 总结自己学习中还需要解决的问题?

2. 进行一次大型饼干企业的实地调查,了解企业亟待解决的问题,要求有调查方案、调查报告。

实训项目三　加工月饼

实训任务

1. 会选择生产月饼的原辅料。

2. 会京式月饼加工的主要工序。

3. 清楚各加工环节的关键控制点并能严格控制。

4. 会使用月饼加工的主要设备设施。

本项目利用真实环境生产加工京式月饼,需 4 学时完成。

一、实训准备

(一)原辅料选择、准备

以学习小组为单位,准备加工广式月饼所需的原辅料。

(二)加工设备的检查、清洗

1. 以学习小组为单位检查加工设备的完好性、清洁度。

2. 不符合加工要求的设备或工具及时补充。

二、实训教学的实施

小资料:京式月饼的配方

1. 饼皮配方:中筋粉 900 g、低筋粉 100 g、70°糖浆 600 g、金麦糕饼油 240 g、碳酸氢钠 1.5 g、食用泡打粉 2.5 g。

2. 馅料配方:熟粉 140 g、白芝麻 40 g、白砂糖 120 g、玫瑰花浆 60 g、橘饼 20 g、松仁 20 g、核桃仁 60 g。

3. 工艺要点。

(1)将皮料配方内的糖浆和油拌匀,加入面粉和酥松剂打匀,松弛 30 min。

(2)将馅料配方内所有原料混合拌匀。

(3)按 3∶7 的比例包馅。

(4)烘烤温度:上火 220℃,下火 140℃,无需刷蛋。

以学习小组为单位,完成面包的加工任务,并完成下列工作页。

工作页

(一)原辅料处理

项目	面粉	白糖、冰糖	植物油脂	碳酸氢钠	馅料
是否合格					
用量					
预处理方式					

(二)配料、和面、包馅成型、码盘、烘烤

项目	配料	和面	包馅成型	码盘
设备				
工作要点				
要求				

(三)烘烤、冷却、包装

项目	烘烤	冷却	夹馅	包装
设备				
工作要点				
要求				

(四)月饼的感官品评

物料名称	标准(GB 19855—2005)	组 1	组 2	组 3	组 4
形态	外形整齐,花纹清晰,无破裂、漏馅、凹缩、塌斜现象,有该品种应有的形态				
色泽	表面光润,有该品种应有的色泽且颜色均匀,无杂色				
滋味与口感	有该品种应有的风味,无异味				
组织	皮馅厚薄均匀,无脱壳,无大空隙,无夹生,有该品种应有的组织				

三、评价与反馈

按照附录的考核单评价。

四、总结与反思

1. 以学习小组为单位,整理出未知问题或内容,并进行讨论。
2. 本次实训有何感想?

五、拓展学习

1. 总结自己学习中还需要解决的问题?
2. 进行一次月饼消费调查,撰写调查报告。

实训项目四　加工蛋糕

实训任务

1. 会蛋糕原辅料的预处理。
2. 会蛋糕加工的主要工序。
3. 清楚各加工环节的关键控制点并能严格控制。
4. 会使用蛋糕加工的主要设备设施。

本项目利用真实环境生产加工蜂蜜海绵蛋糕,需 4 学时完成。

一、实训准备

(一)原辅料选择、准备

以学习小组为单位,准备加工蜂蜜海绵蛋糕所需的原辅料。

(二)加工设备的检查、清洗

1. 以学习小组为单位检查加工设备的完好性、清洁度。
2. 不符合加工要求的设备或工具及时补充。

二、实训教学的实施

以学习小组为单位,完成蜂蜜海绵蛋糕的加工任务,并完成下列工作页。

工作页

(一)原辅料处理

项目	面粉	鸡蛋	白糖	油脂	碳酸氢钠	奶油
是否合格						
用量						
预处理方式						

(二)打蛋液、调糊、入模、烘烤

项目	打蛋液	调糊	入模	烘烤
设备				
工作要点				
要求				

(三)冷却、脱模、包装

项目	冷却	脱模	包装	喷码
设备				
要求				

(四)蛋糕的感官品评

物料名称	标准(GB/T 24303—2009)	组 1	组 2	组 3	组 4
形态	外形美观,无凹缩、塌斜现象,成熟均匀,不粘模具,有该品种应有的形态				
色泽	表面蓬松,呈淡黄色,且颜色均匀,无杂色				
滋味与口感	有该品种应有的风味,无异味				
组织	组织松软,无夹生,有该品种应有的组织				

三、评价与反馈

按照附录的考核单评价。

四、总结与反思

1. 以学习小组为单位，整理出未知问题或内容，并进行讨论。
2. 本次实训有何感想？

五、拓展学习

1. 总结自己学习中还需要解决的问题？
2. 进行一次蛋糕类产品的消费调查，撰写调查报告。
3. 如何控制糕点产品成本？

实训项目五　加工桃酥

实训任务

1. 会桃酥原辅料的预处理。
2. 会桃酥加工的主要工序。
3. 清楚各加工环节的关键控制点并能严格控制。
4. 会使用桃酥加工的主要设备设施。

本项目利用真实环境生产加工京味桃酥，需 4 学时完成。

一、实训准备

（一）原辅料选择、准备

以学习小组为单位，准备加工京味桃酥所需的原辅料。

（二）加工设备的检查、清洗

1. 以学习小组为单位检查加工设备的完好性、清洁度。
2. 不符合加工要求的设备或工具及时补充。

二、实训教学的实施

以学习小组为单位，完成京味桃酥的加工任务，并完成下列工作页。

工作页

(一)原辅料处理

项目	特制粉	鸡蛋	白砂糖	油脂	碳酸氢钠	核桃仁
是否合格						
用量						
预处理方式						

小资料:京味桃酥的加工配方和操作要点

1. 配方

特制粉 48 kg,鸡蛋 4.5 kg,白砂糖 23 kg,熟植物油 24 kg,桂花2.5 kg,核桃仁 5 kg,碳酸氢钠和水适量。

2. 操作要点

①调制面团:方法与油酥类其他品种基本相同,但需注意加入熟猪油后要充分搅拌,促进油脂乳化,使油脂中的空气含量增加,以利于制品酥松。调制面团的水应一次加足,若面团过硬,只能用油调节,不能加水,以防面团上劲。若面团软时,可放置一会儿(俗称"蹲一会儿"),不宜加面,使其自行调整后再用。另外,应注意操作环境及面团的温度,一般控制在 20℃左右,夏季制作更应迅速,以防止面团"走油"。

②成型:将和好的面团分别切成长方条状,再顺长滚成长圆条,切成均匀小面剂。依次将面剂放入模内压严压实,用刀削去多余部分,磕出,即可码入烤盘。码时应轻拿轻放,防止走形。

③烤制:将盛有生坯的烤盘入炉烘烤,入炉温度 170～180℃,出炉温度 210～230℃,烤制 12 min 即可出炉。烤至成品裂纹无白色,稍有黄色即熟。

④冷却:出炉后成品应充分冷却,以防制品内部余热未尽而造成碎裂。

本产品表面为深麦黄色、扁圆形、松酥、油润清香、有核桃香味。

(二)调粉、存粉

项目	调粉	存粉
设备		
工作要点		
要求		

(三)成型、烘烤

项目	成型	烘烤
设备		
工作要点		
要求		

(四)冷却、包装

项目	冷却	包装
设备		
工作要点		
要求		

(五)桃酥的感官品评

物料名称	标准(SB/T 10032—1992)	组 1	组 2	组 3	组 4
形态	外形美观、厚薄大小一致,边缘无裂口,成熟均匀。有该品种应有的形态				
色泽	表面蓬松,呈淡黄色,且颜色均匀,无杂色				
滋味与口感	有该品种应有的风味,无异味				
组织	组织酥脆,质地均匀,有该品种应有的组织				

三、评价与反馈

按照附录的考核单评价。

四、总结与反思

1. 以学习小组为单位,整理出未知问题或内容,并进行讨论。
2. 本次实训有何感想?

五、拓展学习

1. 总结自己学习中还需要解决的问题?
2. 进行一次桃酥类产品的消费调查,撰写调查报告。
3. 对桃酥类产品的改进有何建议?

第四单元　速冻米面食品的加工

学习目标

1.了解速冻米面产品的生产原理和特点。

2.熟悉速冻水饺、速冻汤圆的生产设备，能操作速冻水饺、速冻汤圆加工的主要机械设备。

3.知道加工速冻水饺、速冻汤圆的工艺流程及工艺条件。

4.能够对产品进行感官评价，发现问题，分析原因。

内容结构

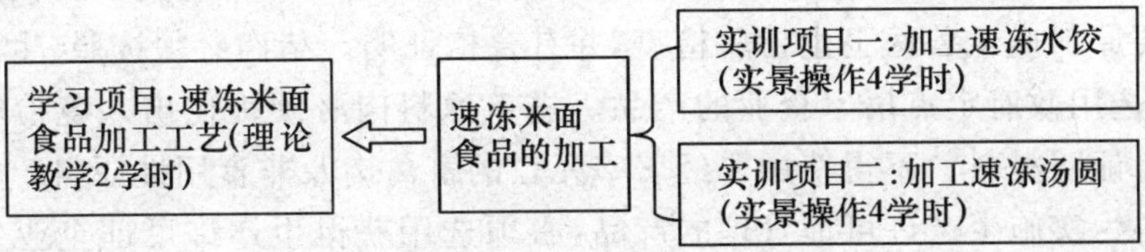

学习资料

一、速冻米面食品生产概述

随着社会经济的发展，人们的生活方式亦在发生着变化。近年来，中国食品业达到高出全国总体发展水平的年均11%～13%的增长率，速冻行业增长率则高达40%以上，因而被称为“朝阳行业中的朝阳”。

速冻米面食品是指以面粉、大米、杂粮等粮食为主要原料，也可配以肉、禽、蛋、水产品、蔬菜、果料、糖、油、调味品等为馅(辅)料，经加工成型(或熟制)后，采用速冻工艺加工包装并在冻结条件下贮藏、运输及销售的各种面、米制品。根据加工方式速冻面米食品可分为生制品(即产品冻结前未经加热成熟的产品)、熟制品(即产品冻结前经加热成熟的产品,包括发酵类产品和非发酵类产品)。

速冻是将预处理的食品放在−40～−30℃的装置中,在30 min内通过最大冰晶生成带,使食品中心温度从−1℃降到−5℃,其所形成的冰晶直径小于100 μm。速冻后的食品中心温度必须达到−18℃以下。

(一)速冻食品基本生产流程

速冻面米制品基本生产流程如图4-1所示。

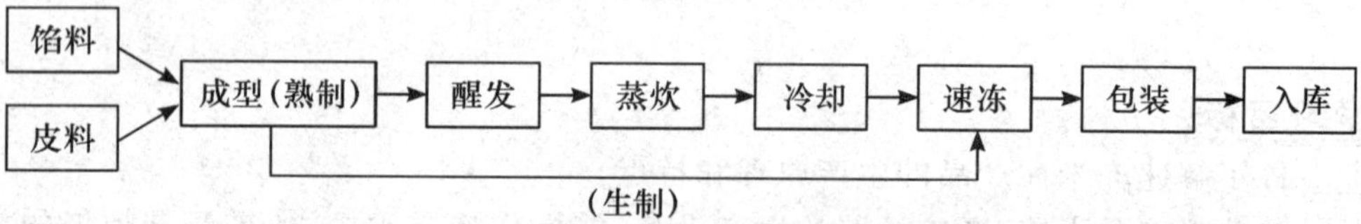

图4-1 速冻米面制品基本生产流程图

(二)关键控制环节

1. 原辅料质量

企业生产速冻食品所用的原辅材料及包装材料必须符合相应的国家标准、行业标准、地方标准及相关法律、法规和规章制度。企业生产速冻食品所使用的畜禽肉等主要原料应经兽医卫生检验检疫,并有合格证明。猪肉必须按照《生猪屠宰条例》规定选用政府定点屠宰企业的产品。进口原料肉必须提供出入境检验检疫部门的合格证明材料。不得使用非经屠宰死亡的畜禽肉及非食用性原料。如使用的原辅材料为实施生产许可证管理的产品,必须选用获得生产许可证企业生产的产品。原料肉采购作为控制致病菌、寄生虫、兽残、异物的关键控制点。对每一批购进的原料肉,可采取下面三种方法控制:a. 感观检查;b. 供应商提供产品合格证、检疫合格证;c. 定期抽检。原料菜采购作为控制致病菌、寄生虫、农残、金属物、异物的关键控制点。对每一批购进的原料菜,可采取下面三种方法控制:a. 感官检查;b. 菜农保证卡;c. 定期抽检。面粉、辅料、包装材料的收购应由供应上商提供合格证及化验部门抽检得以控制。

2. 前处理工序

菜处理作为致病菌、寄生虫、异物等的关键控制点,在这个工序必须将菜修整、清洗干净,通过认真仔细挑选,做到异物为零,防止其进入下一道工序。

3. 金属检测工序

金属检测工序是专门为控制金属的关键控制点,速冻产品都必须经过金属检测器，每 1 h 用直径为 1.5 mm 的测试板测试金属检测仪的灵敏度。对通不过金属检测器（工作正常状态）的产品应拆袋，逐个检测直至找出金属物。

4. 速冻工序

根据速冻产品种类选择适宜的速冻方式及条件，并严格控制速冻温度，使结晶均匀，利于长时间贮藏、保存。冻结时间为 30～45 min，产品中心温度为－18℃。自动记录温度，恒温器调节温度。

5. 产品包装及冻藏链

每批包装的规格、单位净含量应一致。其包装应符合食品卫生要求，并有相关的产地标签。从业人员必须取得健康检查合格证明后方可上岗工作，有碍食品卫生疾病的从业人员不得从事直接入口食品的工作。在操作过程中应勤洗手，在进入包装间前，必须更换专用工作服帽，戴口罩，严格对手进行清洗消毒。

速冻产品包装后应立即进行冻藏。冻藏过程中应保持库房温度在－18℃以下，产品运输的厢体必须保持在－18℃或者更低的温度。产品卸装或进出冷库要迅速，采用冷藏车运输时，车厢外面能直接观察到温度记录仪，经常检查厢内温度。

(三)容易出现的质量安全问题

①原辅材料质量不符合要求。

②冻结过程采用缓冻代替速冻或者加工处理过程中的技术参数控制不当，导致速冻食品变色、变味，营养成分过多损失。

③微生物指标超标。

④食品添加剂超标。

⑤冻藏链不符合要求。

⑥速冻食品包装及标签不符合要求。

(四)速冻米面食品加工要求

1. 生产场所

生产企业应有与生产能力相适应的原料冷库、辅料库、生料加工区、热加工间、熟料加工区（冷却、速冻、包装间等）、成品库（冷库）。

原料及半成品不得直接落地，生、熟加工区应严格隔离，防止交叉污染。

用于速冻的半成品，需要冷却的，应在适合卫生加工要求的环境中尽快冷却，冷却后应立即速冻。

产品应在温度受控的环境中进行包装，包装材料符合有关卫生标准。

成品贮存要求有与生产能力相适应的冷库。冷库内温度应保持在－18℃或更低，温度波动要求控制在 2℃以内。不得与有害、有毒、有异味的物品或其他杂物混存。

运输产品的运输工具厢体应符合有关卫生标准，厢内温度必须保持－18℃以下，运输过程中产品温度上升应保持在最低限度。

生产企业应告知销售单位产品应在冷冻条件下销售，低温陈列柜内产品的温度不得高于－12℃，产品的贮存和陈列应与未包装的冷冻产品分开。

2.生产设备

①菜肉等原料清洗设施。

②馅料加工设备（绞肉机、切菜机、拌馅机等）。

③和面设备（和面机）。

④醒发设施（熟制发酵类产品适用，醒发间或醒发箱）。

⑤蒸煮设备（熟制品适用，蒸煮箱或蒸煮锅）。

⑥速冻装置。

⑦自动或半自动包装设备。

3.出厂检验设备

天平（0.1 g）、干燥箱、灭菌设备、微生物培养箱、无菌室或超净工作台、生物显微镜。

（五）速冻面米食品质量抽检

1.速冻面米食品质量检验项目

速冻食品的发证检验、监督检验、出厂检验分别按照表4-1中所列出的相应检验项目进行。企业的出厂检验项目中注有“*”标记的，企业应当每年检验2次。

无国家标准、行业标准的产品，发证检验按照备案有效的企业标准的全部检验项目进行检验。

表4-1　速冻面米食品质量检验项目表

序号	检验项目	发证	监督	出厂	备注
1	标签	√	√		
2	净含量偏差	√	√	√	
3	感官	√	√	√	
4	馅料含量占净含量的百分数	√	√	*	适用于含馅类产品
5	水分	√	√	*	
6	蛋白质	√	√	*	适用于馅料含有畜肉、禽肉、水产品等原料的产品
7	脂肪	√	√	*	
8	总砷	√	√	*	
9	铅	√	√	*	

续表 4-1

序号	检验项目	发证	监督	出厂	备注
10	酸价	√	√	*	适用于以动物性食品或坚果类为主要馅料的产品
11	过氧化值	√	√	*	
12	挥发性盐基氮	√	√	*	适用于以肉、禽、蛋、水产品为主要馅料制成的生制产品
13	食品添加剂	√	√	*	视产品具体情况检验着色剂、甜味剂(糖精钠、甜蜜素)
14	黄曲霉毒素 B_1	√	√	*	
15	菌落总数	√	√	√	
16	大肠菌群	√	√	√	适用于熟制产品
17	霉菌计数	√	√	*	
18	致病菌(沙门氏菌、志贺氏菌、金黄色葡萄球菌)	√	√	*	

注：产品标签内容除 GB 7718 的要求外，还应满足 GB 19295—2003《速冻预包装面米食品卫生标准》及 SB/T 10289—1997《速冻面米食品》的要求，应标明速冻、生制或熟制、馅料含量占净含量的百分比。

2. 检验抽样方法

根据企业申请发证单元的品种，每个单元抽取一种产品进行发证检验。优先抽取熟制品产品，在熟制品中优先抽取带馅的产品。

在企业的成品库内随机抽取发证检验样品。所抽样品必须为同一批次保质期内的产品，随机抽取 20 包(盒)，样品总量不得少于 5 kg。样品平均分成两份，一份检验，一份备查。抽取样品时，抽样单上应注明产品类型，抽取的样品确认无误后，由抽样人员与被审查企业在抽样单上签字、盖章，当场封存样品，并加贴封条，封条上应有抽样人员签名、抽样单位盖章及抽样日期。检验用样品及备用样品应保持冻结状态。

二、速冻水饺生产工艺

速冻水饺是在－30℃以下、在 15～30 min 之内快速冻结并在－18℃的条件下贮藏和流通的一类水饺。随着速冻食品业的兴起和不断发展，速冻水饺已成为国内许多速冻食品生产厂家的主打食品之一。目前国内速冻方便食品的市场上，水饺约占冷冻调理食品的 1/3。在人们生活节奏日益加快的今天，速冻水饺以其方便、卫生、安全、快捷、营养的特性，成为消费量最大的冷冻调理食品之一。

速冻水饺的种类以其馅料的组成不同而多样，目前我国市场上常见的主要有白菜猪肉馅水饺、韭菜猪肉馅水饺、芹菜猪肉馅水饺以及胡萝卜羊肉馅水饺、胡萝卜牛肉馅水饺和三鲜馅料水饺。

(一)速冻水饺生产工艺流程

速冻水饺生产工艺流程如图 4-2 所示。

原料处理 → 制馅 → 制皮 → 成型 → 速冻 → 包装 → 检测、入库 → 成品

图 4-2 速冻水饺生产工艺流程图

(二)速冻水饺加工工序

1. 原料处理

(1)菜类处理

新鲜蔬菜去根、坏叶、老叶,削掉霉烂部分,进入原料清洗车间并用流动水冲洗干净,有些蔬菜洗净后要在沸水中适度浸烫,洗净的菜控去多余水分,用切菜机切成符合馅料所需要的细碎状。一般机器加工的饺子适合的菜类颗粒为 3~5 mm,手工包制时颗粒可以略微大一点。

脱水程度是菜类处理工序中必不可少的工艺,尤其是对水分含量较高的蔬菜,如地瓜、洋葱、包菜、雪菜、白菜、冬瓜、新鲜野菜等,各种菜的脱水率还要根据季节、天气和存放时间的不同而有所区别,春夏两季的蔬菜水分要比秋冬两季的蔬菜略高,雨水时期采摘的蔬菜水分较高。实际生产中很容易被忽略的因素就是采摘后存放时间的长短,存放时间长会自然干耗脱水,一般春季干旱时期各种蔬菜的脱水率可以控制在 15%~17%。通常可采用手挤压法判断脱水程度,即将脱水后的菜抓在手里,用力捏,如果稍微有一些水从手指缝中流出来,说明脱水率已控制良好。常见的脱水机也称离心机。

(2)肉类处理

将验收合格的原料肉切成小块,或刨成薄片,根据肉质不同用绞肉机绞成一定的颗粒。在水饺馅制作过程中,肉类的处理非常重要,如果使用鲜肉,用 10 mm 孔径的绞肉机将肉绞成碎粒,反复两次,以防止肉筋的出现,注意绞肉过程中要加入适当的碎冰块;若是冻肉,可以先用切肉机将大块冻肉刨成 6~8 cm 薄片,再经过 10 mm 孔径的绞肉机硬绞成碎粒。如果肉中含水量较高,可以适当脱水,脱水率控制在 20%~25%为佳。硬绞出的肉糜一般不宜马上用作制馅,静置一段时间后,待肉糜充分解冻后方能使用,否则会出现肉糜没有黏性,馅料不成型和馅料失味等现象。

2. 制馅

将经过预处理的各种原料按配方要求称量后再按照投料顺序放入搅拌机中搅

拌成馅的过程即为制馅。

制馅中的投料顺序很重要，同样的配方不同的投料顺序会得到不同的制馅效果。搅拌程度、肉料搅拌中加水量的多少等也会对制馅效果产生影响。好的投料顺序为：肉类先和食盐、味精、胡椒粉、白糖等充分搅拌再稍微拌匀；菜类先和花生油或芝麻油等油类拌和后再与拌好的肉馅拌匀，这是一个相当重要和关键的工艺，油珠对菜中的水分起了保护作用，这样煮出来的水饺食用起来多汤多汁，口感最佳。

3. 制皮

制作水饺的面粉要求灰分低、蛋白质质量好。一般要求面粉的湿面筋含量在28%～40%。搅拌是制作面皮的最主要的工序，这道工序掌握的好坏不但直接影响到成型是否顺利，还影响到水饺是否耐煮，是否有弹性，冷冻贮藏期间是否会发裂。

计算每次面粉、食盐和食用碱的投料量，准确称量好面粉和小料，先倒入和面机内干搅 3～4 min，使各种原料均匀混合，再按照投入干粉的总量加水。加水量计算方法为室温在 20℃以上时加水量为干粉量的 38%～40%。盐的加入量为面粉量的 1%左右，添加时先把食盐溶于水中。搅拌完毕后面团要静置 2～4 h，使它回软，有韧性。为了增加制得的面皮的弹性，在搅拌面粉时添加少量食盐，食盐添加量一般为面粉量的 1%。

4. 成型

采用水饺机包制，调节皮速是水饺成型时首先要考虑的关键工作。调节皮速的技巧是关上机头，关闭馅料口或不添加馅料，先让空皮形成一些水饺，此时可能会因为皮料空心管中没有空气，出现瘪管，空皮饺形不出来，这时也可以在机头前的皮料关上用尖器迅速地捅一个小洞，让空气进入，这样皮料管会重新鼓起，得到合适的外观和稳定的质量时，皮速才算调好。其次，要调节好机头的撒粉量，水饺成型时由于皮料经过绞纹龙绞旋后，面皮会发热发黏，经过模头压模时，水饺会随着模头向上滚动，滚到刮刀时会产生破饺，因此需要在机头上方放适量的撒粉。撒粉的目的是缓和面皮的黏性，通常可以用玉米淀粉。撒粉量不是越多越好，如果撒粉太多，经过速冻、包装后，水饺表面的撒粉就容易潮解，而使水饺表面发黏影响产品外观。

5. 速冻

速冻工序是影响水饺质量的关键工序之一。采用水饺冻结机完成速冻，目的是良好的保持水饺的色香味。包制好的水饺应尽快进入速冻隧道，隧道温度必须在－34℃以下，速冻 30 min 左右，使饺子中心温度达－18℃。

6. 包装

剔除不合格水饺，称重并按要求排气、封口、包装。封口要严实牢固，平整美观，日期打印准确清晰。

7. 检测、入库

包装好的水饺要通过金属检测器进行金属检测，检验合格的产品根据不同品种规格装箱，并及时转入冷藏库。冷藏库库温要在－18℃以下，且要保持稳定，温度波动不宜超过1℃。

(三)速冻水饺常见质量问题

1. 成型时脱水或冷藏时脱水

菜类和油类需要先拌和。因为肉类含有3%～5%的盐分，而菜类含水量高，两者混合容易使菜类脱水，产生后果是馅料在成型时容易出水。

2. 容易解冻

容易解冻的根源在于生产时的速冻温度没有控制好。

3. 颜色发暗

颜色发暗的原因有原料面粉方面的，也有加工贮藏方面的。生产速度水饺的面粉白度在82°以上，添加变性淀粉可提高面粉的白度；速冻工序控制不良，冻结温度没有达到－30℃；生产出的水饺没有及时放入速冻间，在生产车间放置的时间过长，馅料中的盐分、汁液已经渗透到皮料中；以及储存温度波动等都会使水饺皮料变软，外观受到影响。

4. 水饺破损率高

水饺在后角断开形成缺角，可能是在成型时送皮速度过慢导致的，但皮速也不能过快，否则水饺易产生痕纹，应调节好皮速。

(四)速冻水饺的发展趋势

1. 保障食品安全，树立健康品牌形象

目前存在原料小麦粉质量问题，有的企业用品质很差的小麦原料，甚至使用过氧化苯甲酰漂白的面粉作为原料，另外还有禽畜肉疫病、蔬菜农残、重金属超标等问题，影响速冻水饺的质量安全。为了消除食品的安全隐患，解决禽畜肉疫病、农药残留、兽药残留等问题，需加快制订出更加严格的行业标准和无公害食品标准，推行国家绿色食品认证，把一些分散的农产品品种纳入集团化管理，严格控制。

2. 注重产品风味，提高营养价值

从食品营养的角度来看，水饺作为中国的传统食品，如果和现代食品营养学结合起来，在提高维生素和微量元素含量、减少脂肪含量、改善蛋白质结构等方面探讨、完善，并且提供更多的花色品种，将会发展得更快、更健康。

3. 建立质量监控体系

逐步建立原料基地，从动植物原料着手，提高速冻食品整体品质，建立健全产品全程质量监控体系，完善生产卫生管理，严格食品安全保障制度。

三、速冻汤圆的加工

(一)速冻汤圆生产工艺流程

速冻汤圆生产工艺流程如图 4-3 所示。

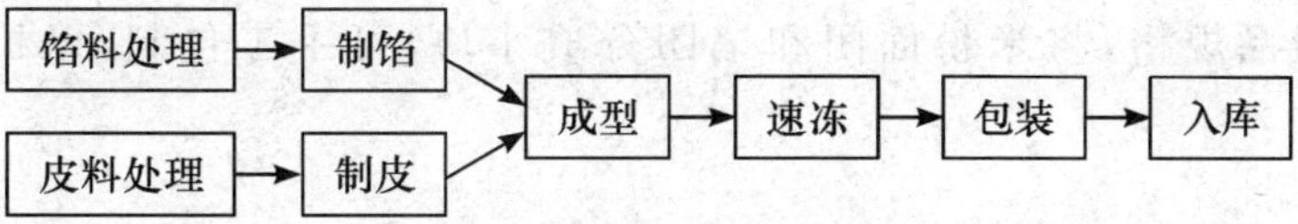

图 4-3　速冻汤圆生产工艺流程图

(二)速冻汤圆加工工序

1. 原料处理

(1)馅料处理

汤圆馅料处理包括清洗、炒熟、绞碎三个工序。原料主要有芝麻、花生、莲子、豆沙、白砂糖以及猪肉等。在以上几种原料中芝麻的处理最复杂，通常芝麻含有较多细沙杂质，首先需进行清洗除杂。洗好的芝麻不易存放太多或太久，避免发热对其质量产生影响。炒芝麻、花生或者别的原料时，火候的掌握决定了其香味和脆性。黑(白)芝麻要求以文火将芝麻炒至九成熟、去皮，使其质感细腻、香味浓郁，并趁热碾成芝麻仁。选用成熟度好、无霉烂、无虫害的核桃仁，用沸水(含质量分数 1.0%～1.5%的碳酸氢钠)浸泡去皮，炸酥、碾碎至小米粒大小。

(2)皮料处理

皮料主要是糯米，糯米处理可分为清洗、浸泡、磨浆、脱水四个过程。米与水的质量比为 1∶1，搅拌后浸泡，夏天浸泡 4 h，冬天浸泡 8 h。浸泡后进入磨浆机进行磨浆，注意边下料边加水，并控制好加水量，水太少会影响粉浆的流动性，过多则使粉质不细腻。磨浆后将粉浆装入脱水机将浆料中多余的水分除去，一般脱水后的糯米浆为原料糯米的 160%～180%。

2. 制馅

汤圆馅常见的有芝麻馅、花生馅、豆沙馅、莲蓉馅、香芋馅，以及咸味的鲜肉汤圆馅等。将处理后的黑芝麻、白芝麻、芝麻酱等放入配料中搅拌，再加入油脂、饴糖、熟面等，用饴糖、CMC-Na(羧甲基纤维素钠)液来调节馅心的黏度和软硬度，使馅心成为软硬适当的团块。甜味馅的配方大体相仿，均以白砂糖为主。

3. 制皮

先将变性淀粉、海藻酸钠、瓜耳豆胶、魔芋精粉、复合磷酸盐按一定比例(为干水磨糯米粉的0.5%～1.0%)搅拌混匀后全部通过CB36筛备用。取干水磨糯米粉倒入搅拌机，按比例加入预混好的速冻汤圆改良剂，开机搅拌，经充分混匀后，再按干水磨糯米粉总量的85%～90%加水继续搅拌，等粉团柔软后，静置10～20 min即可。

4. 成型

根据成品规格，将米粉面团和馅团分成小块，可手工包制，以机器成型的居多。

5. 速冻

将成型后的汤圆迅速放入速冻库中，要求速冻库的温度在－40℃左右。在10～20 min内使汤圆的中心温度迅速降至－12℃以下，此时出速冻室。汤圆馅心和皮面内均含有一定量的水分，如果冻结速度慢，表面水分会先凝结成大块冰晶，逐步向内冻结，内部在形成冰晶的过程中会产生张力而使表面开裂。速冻可使汤圆内外同时降温，形成均匀细小的冰晶，从而保证产品质地的均一性。即使是长期贮存，其口感仍然细腻、糯软。

6. 包装入库

包装材料应有一定的机械强度，且密封性强，速冻汤圆在贮存和运输过程中应避免温度波动，否则产品表面将有不同程度的融化，再冻结会造成冰晶不匀，产品受压开裂。

(三)速冻汤圆易出现的质量问题

1. 冻裂问题

速冻汤圆经过一段时间的冷藏后，会出现不同程度的龟裂甚至开裂现象，由于开裂不但影响汤圆的外观而且煮后露馅、浑汤、颗粒塌陷，严重影响产品的品质，给销售带来了较大的困难，引起了生产厂家的高度重视。目前抗冻裂能力已成为衡量速冻汤圆品质的重要指标之一，通常用开裂率来衡量开裂程度。

2. 口感差

速冻汤圆一般以水磨糯米粉为原料，糯米粉的质量与汤圆的口感密切相关，成为衡量速冻汤圆品质的重要指标之一。汤圆一般要求是嫩滑爽口、绵软香甜、口感细腻，且有弹性、不粘牙。

3. 外观问题

汤圆在速冻后或者煮出后易塌陷、扁平、偏馅、漏馅，形状不规则，色泽灰暗、泛黄，没有光泽。速冻汤圆的外观一般用成型性、光泽、色泽来衡量。要求颗粒饱满，呈圆球状，白色或者乳白色，光亮。

4. 卫生问题

卫生问题是食品生产的首要问题，生产的各个环节必须严格控制卫生条件。速冻汤圆的卫生指标：细菌总数≤10 000 个/g；大肠菌群≤1 000 个/kg；致病菌不得检出。

相关标准

速冻预包装面米食品卫生标准(GB 19295—2003)

速冻面米食品(SB/T 10289—1997)

相关网站

http://www.bjtsb.gov.cn

http://www.foodmate.net

http://bbs.foodmate.net

学习项目　速冻米面食品加工工艺

学习任务

1. 理解速冻米面食品的原理。
2. 熟悉速冻米面食品生产基本流程。
3. 能及时指出加工过程容易出现的质量安全问题。

本项目采用实物、多媒体等教学设备理论教学，需 2 学时完成。

一、学习准备

课程导入

根据生活常识谈谈如何选购速冻水饺、汤圆等速冻米面食品。

参考意见

第一，注意销售场所的贮藏条件。速冻米面制品一般要求在－18℃以下的冷藏库内贮藏。若销售商贮存条件达不到要求，即使某些产品还在保质期内，但是因为温度的影响，内部质量也是无法保证的。

第二，看产品外包装。首先要选择包装材料好、包装完整、印刷清晰的产品，其次外包装应标明产品名称、配料表、净含量、制造商名称和地址、生产日期、保质期、贮藏条件、食用方法、产品标准号、生制或熟制、馅料含量占净含量的配比等。

第三,看产品外观。消费者购买时可以取一包用手轻按产品,看该产品是否具有应有的外观形态、色泽等。如果发现产品变形、破损、软塌、变色,表面发黏甚至粘为一团,包装内有不应有的杂质等都不应购买。

预习单

1.如何定义速冻米面食品?

2.速冻米面食品有哪些种类?分类依据是什么?

3.叙述速冻工艺的具体要求。

4.速冻产品包装后应立即进行冻藏,其冻藏及运输的要求有哪些?

5.米面速冻食品容易出现的质量安全问题有哪些?

二、教学实施

在教师的引导下,以学习小组为单位完成下列学习页。

学习页

(一)速冻米面食品加工工艺的学习与探讨(通过多媒体教学完成)

速冻米面食品加工工艺流程	
主要工序	

(二)速冻米面食品加工企业的厂房、生产车间和设备等的了解

生产场地	工作内容	主要设备名称	主要作用
原料冷库			
辅料库			
生料加工区			
热加工间			
熟料加工区			
成品库			
速冻车间			

三、评价与反馈

按照附录的考核单评价。

四、总结与反思

速冻米面食品加工的主要环节有哪些?应注意的问题有哪些?

五、拓展学习

以学习小组为单位进行速冻米面食品的市场调研，要求有调研方案、调研报告。

实训项目一　加工速冻水饺

实训任务

1. 熟悉速冻水饺加工的工艺流程与工艺条件要求。
2. 知道速冻水饺加工的常用设备。
3. 会加工速冻水饺，并能够进行产品感官质量分析、产品评价。
4. 能正确贮存和合理流通速冻水饺。

采用实景操作教学，需 4 学时完成。

预习单

1. 写出速冻水饺加工工艺流程。
2. 制馅过程中，肉类、菜类馅料的投料顺序分别有何规定？
3. 加工速冻水饺对面粉有何要求？
4. 水饺成型机主要由哪几部分组成？
5. 描述完成速冻后的水饺感官状态。

一、实训准备

(一)原辅料选择、准备

以学习小组为单位，准备加工速冻水饺所需的原辅料。

(二)加工设备的检查、清洗

1. 以学习小组为单位检查加工设备的完好性、清洁度。
2. 不符合加工要求的设备或工具及时补充。

二、实训教学的实施

以学习小组为单位，加工速冻水饺，并完成下列工作页。

工作页

(一)原辅料验收和预处理

项目	面粉	肉品	蔬菜	调味料
是否符合国家标准				
预处理方式				

(二)加工速冻水饺

1. 加工面皮

面粉要求	
水质要求	
加工用具	
作业要点	
产品要求	

2. 加工馅料

馅料配方	
作业要点	
注意事项	
完成情况	

3. 成型

作业技巧及要求	
注意事项	
完成情况	

4. 速冻

速冻的要求	
操作要点	
注意事项	
完成情况	

5. 包装

包装的要求	
操作要点	
注意事项	
完成情况	

6.抽检

检验项目	
检验方法	
依据标准	
是否合格	

7.入库

入库的要求	
操作要点	
注意事项	
完成情况	

课后拓展:对速冻水饺加工企业提出改进建议。

三、评价与反馈

按照附录的考核单评价。

四、总结与反思

1.各学习小组速冻水饺加工质量控制的如何?实践生产中存在哪些问题?
2.速冻水饺的加工标准有哪些?

五、拓展学习

速冻水饺生产对中国传统食品的标准化和方便化有哪些启迪?

实训项目二　加工速冻汤圆

实训任务

1.熟悉传统速冻汤圆的加工工艺。
2.学会馅心调制、面皮调制、成型、速冻等基本操作技能。
3.熟悉速冻汤圆加工的机械设备,并能操作。
4.能够对速冻汤圆感官质量进行分析,发现质量缺陷,分析原因并找到解决途径。
5.能正确贮存和合理流通速冻汤圆。

采用实景操作教学,需4学时完成。

预习单

1. 写出速冻汤圆加工的工艺流程。

2. 汤圆馅料处理有哪几道工序？皮料处理包括哪几道工序？

3. 对速冻汤圆加工品起重要作用的工序是哪几道？

4. 成型后的汤圆速冻时，对库温及汤圆的中心温度有何要求？

小词典："包"汤圆与"滚"元宵

由于元宵和汤圆都是用糯米粉做皮，且常采用芝麻、白糖等做馅料，因此容易让人混淆，但它们在制作工艺上还是有很大区别。

汤圆一般是先将糯米粉用水调和成皮，然后将馅"包"好即成。而元宵首先需将和好、凝固的馅切成小块，过水后，再在盛满糯米面的笸箩内滚，直到馅料沾满糯米面滚成圆球。

一、实训准备

(一)原辅料选择、准备

以学习小组为单位，准备加工速冻汤圆所需的原辅料。

(二)加工设备的检查、清洗

1. 以学习小组为单位检查加工设备的完好性、清洁度。

2. 不符合加工要求的设备或工具及时补充。

二、实训教学的实施

以学习小组为单位，加工速冻汤圆，并完成下列工作页。

工作页

(一)原辅料验收和预处理(以果泥类馅料为例)

项目	糯米粉	果料	食糖	其他配料
是否符合国家标准				
预处理方式				
用量				

(二)加工速冻汤圆

1. 制皮

米粉要求	
水质要求	
加工用具	
作业要点	
产品要求	

2. 加工馅料

馅料配方	
作业要点	
注意事项	

3. 成型

作业技巧	
操作要点	
注意事项	
完成情况	

4. 速冻

速冻的要求	
操作要点	
注意事项	
完成情况	

5. 包装

包装的要求	
操作要点	
注意事项	
完成情况	

6. 抽检

检验项目	
检验方法	
依据标准	
是否合格	

7. 入库

入库的要求	
操作要点	
注意事项	
完成情况	

三、评价与反馈

按照附录的考核单评价。

四、总结与反思

1.各学习小组速冻汤圆加工质量控制的如何？实践生产中存在哪些问题？

2.速冻汤圆的加工标准有哪些？

五、拓展学习

机械成型的汤圆有何特点？多数消费者喜欢手工成型汤圆，为什么？谈谈你的观点。

第五单元　豆制品加工

学习目标

1. 了解豆制品加工原理、营养价值。
2. 知道豆制品加工的常用设备。
3. 知道加工豆腐等传统豆制品的工序，会加工豆腐等传统豆制品。
4. 会加工豆乳的主要工序。
5. 熟悉大豆蛋白的功能特性及市场前景。
6. 能在实验室提取大豆分离蛋白。

内容结构

学习资料

一、大豆制品发展前景的展望

1. 发展大豆食品，优化膳食结构

我国居民的膳食结构中优质蛋白质明显低于世界平均水平，优化膳食结构，提高优质蛋白质摄入比重，应当是21世纪饮食营养生活中的主要问题，根据我国人民消费习惯和资源供应的可能，我国膳食结构调整不可能按西方国家的主要靠增加动物蛋白的模式进行，增加豆类特别是大豆的供应量解决蛋白质摄入量不足的问题将是必然的选择。

国际上对大豆的评价越来越高，大豆制品除能补充膳食中的优质蛋白质外，它还富含能降低血脂等作用的物质。大豆中的棉子糖、水苏糖还是双歧杆菌的增殖因子，豆渣是很好的优质食用纤维，大豆含有的异黄酮，还具有抗氧化、抗溶血、降血脂的作用。

目前，我国年人均占有大豆不到10 kg，据营养问题专家估计，如果要使我国人均每日热量和蛋白质摄入量达到中国营养学会推荐的标准，人均年豆类消费量应达到18 kg。

2. 开发新兴大豆食品

20世纪80年代以来，美国新兴大豆制品生产的主干企业Rslston Purina几乎垄断了美国国内及对外出口的全部大豆蛋白市场，它取得了近百项专利，并在30多个国家取得专利权。美国在大豆蛋白加工方面取得了重要进展，如用挤压技术制作大豆蛋白肉；应用超滤技术实现了大豆中低聚糖和蛋白质分离浓缩；采用三相分离技术，将大豆蛋白、脂肪和其他组分一次性分开，将大豆蛋白加以提纯利用；采用超临界流体技术萃取出大豆油和蛋白质，油质晶莹透明，蛋白质功能性好。日本从20世纪70年代开始研制大豆组织蛋白，专门成立日本蛋白食品协会，正式开展大豆蛋白研究与生产，并制定了相应的大豆蛋白国家标准。在新兴大豆制品工业领域，美、日在基础理论与应用研究以及大豆蛋白生产数量和消费数量方面均处于国际领先地位。

3. 开发大豆新产品

现代营养科学、生命科学的研究结果充分证明大豆不仅具备食品所必需的各种功能，而且还具有多种满足特殊要求的特定功能。对大豆进行精深加工，其产品包括：用大豆油脂制备生物柴油、燃料油乳化剂、大豆油墨；用大豆蛋白制作复合聚酯材料、可食性包装材料；用大豆磷脂制作抗癌防癌药物、化妆品中表面活性剂等。

二、我国豆制品加工现状及发展方向

（一）存在的问题

1. 生产标准不健全

我国大豆制品的国家标准仍不健全，有些缺少适应国际市场的相关标准。

2. 现代化程度不够，科技含量低

我国传统大豆制品生产的工业现代化进程还相对滞后，整体科技含量不高，很多大豆制品生产仍沿袭着传统小规模作坊式的生产方式，自动化程度低，新的食品机械、工艺应用不多，对新产品的开发和传统产品改造重视不够，投入不足。据初步统计，科技进步对传统豆制品行业的贡献率不足30%。

3. 民族品牌开发不够

传统大豆食品的卫生性差、包装简单、安全性不够等缺点是制约民族企业发展的关键。

（二）发展方向

1. 生产管理标准化

积极制定与国际接轨的各类产品标准，对传统大豆制品应该加以标准化、规范化，在卫生、安全、营养等方面积极与国际接轨，构建高起点的大豆制品标准体系。

2. 品牌民族化、品种多样化

大力构建和发展民族大豆产业，不应过多地与国外企业在设备上进行拼争，应该通过有选择的挖掘、发展，争取把具有中华民族特色的大豆食品在经过改进适应国际需求后，推向世界。同时，应该注重产品、文化的并行发展。在推介产品的同时，结合两千多年来形成的丰富的饮食文化，用优良的产品和悠久的文化来推进世界对中华大豆食品的认识，促进中国的大豆产品走向世界。

3. 企业发展科学化、持续化

应该鼓励有条件的大企业建立技术开发中心，加强传统产品改进和新产品开发，充分利用信息技术、电子技术、生物技术等先进技术手段，实现持续快速发展。对于规模小、自主研发能力差的小企业，应该积极引导与科研单位加强联合，鼓励科研单位采用转制、参股及合作等形式参与到企业中来，切实推进大豆制品产业科技水平。

三、豆制品的种类

（一）传统大豆制品：包括非发酵大豆制品和发酵大豆制品

1. 非发酵豆制品

非发酵豆制品包括豆腐、豆浆、豆腐片等，都经过清选、浸泡、磨浆、除渣、煮浆及成型工序，产品多呈蛋白质凝胶态，如南豆腐、北豆腐、腐竹、卤制豆制品、油炸豆制品、大豆熏制品、冷冻豆制品、干燥豆制品、豆粉等。

2.发酵大豆制品

发酵大豆制品包括豆豉、黄酱及各种腐乳等，都是用大豆或大豆制品接种霉菌发酵后制成的。

(二)新型大豆制品：包括油脂类制品、蛋白类制品及全豆类制品

1.油脂类制品

油脂类产品以大豆毛油为原料，经过特定的工艺精加工后，生产出的适应食品工业需要的一类产品，如大豆磷脂、色拉油、人造奶油、起酥油、大豆油等。

2.蛋白类制品

蛋白类制品是以脱脂大豆为原料，充分利用大豆蛋白的物化特性生产出的高营养产品，如脱脂大豆粉、功能性浓缩大豆制品、大豆组织蛋白、大豆分离蛋白、蛋白发泡剂、大豆蛋白纤维、海绵蛋白等。

3.全豆制品

豆乳、豆乳粉、大豆冰淇淋、全脂豆腐。

四、豆制品的营养价值

(一)传统大豆制品的营养

传统大豆制品分为两大类100多个品种。一类是非发酵制品，主要产品有：水豆腐、干豆腐、豆芽、卤制豆制品等。另一类是发酵制品，主要产品有：腐乳、豆瓣酱、酱油、豆豉等。

1.豆浆

豆浆是中国人传统早餐的主角，老少皆宜，豆浆是大豆经浸泡、磨细、过滤等加工而成，它不仅具备了大豆营养的许多优点，而且在某些方面还优于大豆。豆浆中含有大量蛋白质，这是一种优质植物蛋白，含有多种必需氨基酸，尤其是赖氨酸含量较多，可以补充大米和面粉中赖氨酸的不足。豆浆中蛋白质的消化率较原来的大豆提高20%左右。豆浆中脂肪含量也较高，且含较丰富的必需脂肪酸，有助于促进人体生长发育和保护心血管的功能。另外，豆浆还含有相当量的钙、铁、B族维生素和维生素E。豆浆的营养价值越来越被世界各国人民所接受，欧洲称它为“植物奶”，美国豆浆的零售额已经超过了3亿美元。

2.豆腐

豆腐作为食药兼备的食品，具有益气、补虚等多方面的功能。豆腐及其制品所含的植物蛋白，有人体必需的8种氨基酸。常食用豆腐，可以降低血液中胆固醇的含量，减少动脉硬化的机会。大豆加工成豆腐后，增加了钙、铁、镁等无机盐的含量，这就更加适宜于缺钙的患者。镁不仅有益于预防心脏病，而且有助于提高心脏活力。大豆加工成豆腐后，可明显提高蛋白质的消化吸收率。在制作豆腐的过程中，加热可破坏大豆中的抗胰蛋白酶因子，从而提高了氨基酸的消化率。目前豆腐已经被全球公认为“国际性保健食品”。

3. 豆腐干

豆腐干是豆浆点卤后加压制成的片状豆制品。从营养角度讲，豆腐干与豆腐无明显差别，但由于加工及各种调味的关系，增加了人们的食欲。胃肠功能不好的人不宜食豆腐干，因其质地较硬，不易消化。对于儿童，食用豆腐干则有益于促进口腔咀嚼功能的发育，增加钙的摄入量。

4. 腐乳

腐乳是用豆腐经接种毛霉菌发酵后腌制而成的，其主要营养成分为蛋白质在微生物酶的作用下产生的多种氨基酸及低分子蛋白质，人体必需的 8 种氨基酸含量较为丰富。腐乳含蛋白质 14%以上，脂肪 5%以上，碳水化合物 6%以上，并含有较多的 B 族维生素，尤其是维生素 B_{12} 在每 100 g 红腐乳中含量为 0.7 mg，而每 100 g 青腐乳中含量为 1.8～9.8 mg。腐乳中还含有丰富的人体必需的矿物质，其中钙、磷、铁、锌的含量最为丰富。

5. 豆芽

豆芽中所含的热量较低，水分和膳食纤维较高。豆芽中除了含有在发芽过程中生成的维生素 C 之外，还含有优质植物性蛋白质和维生素 B_1、维生素 B_2、钙、钾、磷和铁等丰富的矿物质。据测定，黄豆发芽后，胡萝卜素可增加 1～2 倍，维生素 B_2 增加 2～4 倍，维生素 B_{12} 是大豆的 10 倍，维生素 C 是大豆的 2 倍，尼克酸增加 2 倍多，叶酸成倍增加。豆类发芽时在种子内部贮存的部分淀粉和蛋白质在酶的作用下分解，转化成生长所需要的糖类和氨基酸，使豆类中的淀粉和蛋白质利用率大大提高。

(二)大豆蛋白的营养

大豆蛋白是近年来新兴的一种营养食品。

1. 全脂大豆粉

全脂大豆粉是由大豆直接加工制成的，含蛋白质 37%～40%，脂肪 17%～20%，并含有丰富的矿物质和多种维生素，是一种营养价值很高的食品。

2. 脱脂大豆粉

脱脂大豆粉是以制油后的大豆饼粕为原料，经粉碎、筛分而成的高蛋白食品，含蛋白质50.5%，脂肪 1.5%，糖类 34.2%，适宜添加在面包、面条和生产香肠等肉制品中。

3. 浓缩大豆蛋白

浓缩大豆蛋白是利用低温脱脂的变性大豆粉为原料，经再加工，除去糖类和气味而制得，其含蛋白质70%，脂肪2%，矿物质4%～7%，添加于面制食品，效果优于脱脂大豆粉。

4. 分离大豆蛋白

分离大豆蛋白是利用低温脱脂大豆粉，经加碱分离、中和、喷雾、干燥等工艺制得。蛋白质含量不低于90%，含水量5%，具有良好的乳化性、吸油性和起泡性。可代替鸡蛋用于糖果制造，也可作营养强化和疏松剂用作面包加工，在汽水、啤酒等饮料中作为发泡稳定剂，或作为蛋白质成分用于制作糕点、冰淇淋等。

(三)大豆活性物质和大豆营养抑制素

1. 大豆生物活性物质

主要是大豆异黄酮，包括大豆皂苷、大豆多肽等生物活性物质。其作用目前认为主要是防氧化、防癌变等。

2. 大豆营养抑制因素

黄豆里有一层薄而结实的细胞膜包着它所含的营养成分，因而营养成分不易被人体吸收，不能很好地起作用。主要是胰蛋白酶抑制素、大豆血细胞凝集素、胀气因子、豆腥味等大豆营养抑制因素。加工时应破坏这些物质。

五、传统豆制品加工工艺

(一)豆腐的加工工艺

1. 原辅料要求

原料要求：一般选用黄大豆，圆形、椭圆形，黄色或淡黄色，籽粒饱满。还可以选用黑大豆。

辅料要求如下。

(1)凝固剂

凝固剂基本上分成两大类，即盐类和酸类。生产豆腐应用最广的凝固剂有盐卤和石膏，民间也有用醋酸、酸浆、乳酸的。

①石膏：主要成分是硫酸钙。石膏分为生石膏($CaSO_4 \cdot 2H_2O$)、半熟石膏($CaSO_4 \cdot H_2O$)，熟石膏($CaSO_4 \cdot 0.5H_2O$)和过熟石膏($CaSO_4$)四种，对豆浆的凝固作用以生石膏为快，熟石膏慢，而过熟石膏几乎不起作用。

使用石膏多用冲浆法，也可用点浆法。

②卤水：卤水又称为盐卤，是生产海盐的副产品。分为卤块、卤片、卤粉三种。

盐卤的成分比较复杂，除主要成分氯化镁之外，其次是氯化钠、氯化钙、氯化钾以及硫酸镁、硫酸钙等。

③葡萄糖酸-δ-内酯：葡萄糖酸-δ-内酯（GDL）是一种新型无毒酸类添加剂，主要作为酸味剂、防腐剂、膨松剂及蛋白质凝固剂。

④葡萄糖酸：葡萄糖酸为无色或浅淡黄色浆状液体，其酸味爽快，易溶于水。葡萄糖酸可直接用于点豆腐，也可直接用于清凉饮料，与食醋配制作为酸味料，尤其适合在营养品中使用，以代替乳酸、柠檬酸。

（2）消泡剂

大豆蛋白质在水溶液中是胶体溶液，并有较大的表面张力，当机械振动或液体流动时，混入空气形成泡沫且不易消失，从而影响操作和产品质量。为此需添加消泡剂减少其泡沫。

①酸败油脚：油脚是榨油工业的下脚料，可直接用来消泡，但效果不理想，经过酸败的油脚比单纯油脚好，酸败油脚的消泡效果是比较明显的。

②酸败油脚加石灰：酸败油脚加适量氢氧化钙（石灰）搅和成膏状物，使用时将膏状物配加适当发酵黄浆水效果更好。油脚与石灰比例为 10∶1，使用量为 1%。

③植物油加石灰。

④脂肪酸皂化素。

⑤乳化硅油。

⑥甘油脂肪酸酯。

2. 豆腐加工工艺流程

包装豆腐的生产流程如图 5-1 所示。

采购贮存 → 筛选清理 → 水洗 → 浸泡 → 粉碎分离 → 蛋白质热变性 → 滤浆 → 凝固蹲脑 → 脱水成型 → 切分包装 → 喷印日期 → 水浴灭菌 → 冷却装箱 → 检验入库 → 低温贮藏

图 5-1　包装豆腐的生产工艺流程图

充填豆腐的生产流程如图 5-2 所示。

采购贮存 → 筛选清理 → 水洗 → 浸泡 → 粉碎分离 → 蛋白质热变性 → 滤浆 → 浆水冷却 → 添加凝固剂 → 充填封装 → 脱水成型 → 喷印日期 → 水浴加热凝固成型 → 冷却装箱 → 检验入库 → 低温贮藏

图 5-2　充填豆腐的生产工艺流程图

3.豆腐加工制作规范(以北豆腐为例)

(1)大豆的选取与除杂

①原料的选择:应选择蛋白质含量高的大豆品种,制作豆腐的大豆以色泽光亮、籽粒大小均匀、饱满、无虫蛀和鼠咬的新大豆为好。

②大豆的清理:大豆原料在进一步加工前须进行清理,以除去杂质。同时应去除碎豆、裂豆、虫蛀豆和其他异粮杂质。

(2)浸泡

①浸泡水温与时间:一般水温为5℃时浸泡24 h,10℃时浸泡18 h,18℃时浸泡12 h,27℃时浸泡8 h。一般应选择低温浸泡。

②浸泡程度的判断:浸泡的程度因季节而异,夏季可泡至八成,冬季则需泡到九成。浸泡后以大豆表面光滑,无皱皮,豆皮轻易不脱落,手感有劲为原则。最简单的判断方法就是把浸泡后的大豆分成两瓣,以豆瓣内表面基本呈平面,略有塌坑,手指掐之易断,断面已浸透不留硬心(白色)为宜。

(3)磨浆

破碎要达到一定细度。蛋白体的大小在2～20 μm较合适,破碎好的大豆粒粉直径略小于3 μm,即可达到破裂蛋白体膜、释放蛋白质的目的。磨浆时一定要边粉碎边加水。

(4)煮浆

使蛋白质变性,杀灭抑制营养素的物质。

(5)过滤

除去豆浆中的豆渣,调节豆浆浓度。

①熟浆分离法:是先把豆浆加热煮沸后再过滤的方法。

②生浆分离法:先过滤除去豆渣,然后再把豆浆煮沸的方法。

(6)凝固

①点脑:点脑又称为点浆,是豆制品生产中的关键工序。把凝固剂按一定的比例和方法加入到煮熟的豆浆中,使大豆蛋白质由溶胶状态转变成凝胶状态,即豆浆变为豆腐脑(又称豆腐灰)。

②蹲脑:蹲脑又称涨浆或养花,是大豆蛋白质凝固过程的继续。

(7)成型

把凝固好的豆腐脑放入特定的模具内,通过一定的压力,榨出多余的黄浆水使豆腐脑紧紧地结合在一起,成为具有一定含水量、弹性和韧性的豆制品。主要包括上脑(又称上箱)、压制、出包和冷却等工序。

①破脑:除加工嫩豆腐外,加工其他豆腐制品一般都需要在上箱压榨前从豆腐

脑中排出一部分水分，称破脑。

②上脑（又称上箱）。

③压制定型。

4. 南豆腐与北豆腐生产工艺的差异

(1)豆浆的浓度

点浆时南豆腐的豆浆浓度稍大，一般 1 kg 原料大豆生产的豆浆为 6～7 kg；北豆腐 1 kg 原料大豆生产的豆浆为 9～10 kg。

(2)凝固剂的使用

南豆腐的凝固剂为石膏，而北豆腐的凝固剂通常采用卤水。

(3)点浆的温度和方法

南豆腐利用石膏冲浆温度稍高，应将豆浆温度控制在 75～85℃，北豆腐卤水的凝胶速度较快，多采用边加凝固剂边搅拌的方法，豆浆温度也应控制在 70～80℃。

(4)蹲脑时间不同

南豆腐要求蹲脑时间要长，一般在 30 min 以上。如蹲脑时间短，会使豆腐结构脆弱，脱水快，保水力差，从而失去细嫩光亮特征，而变得粗硬；北豆腐成型时要进行破脑后加压脱水，因此北豆腐的蹲脑时间可稍短一些，15～20 min 即可。

(5)成型方式不同

南豆腐成型时不需要破脑，也不能加太大的压力。成型时的豆腐包布应用细布。北豆腐宜采用孔隙稍大的包布，这样压制时排水较畅通，豆腐表面易成“皮”，在压制成型过程中还应注意整形。成型后南豆腐含水 90%左右，北豆腐含水80%～85%。

5. 内酯豆腐的生产

(1)内酯豆腐的特点（与传统南豆腐和北豆腐相比）

①生产过程的机械化、自动化程度高，工人劳动强度低，生产效率高。

②生产卫生条件较好，延长了豆腐的贮存期。

③产品有包装，因而易贮存、利销售、便携带。

④有利于发展花色品种，鸡蛋豆腐等。

(2)内酯豆腐的加工要点

①选豆：选择果粒饱满整齐的新鲜大豆，清除杂质和去除已变质的黄豆。

②浸泡：用多于大豆重 3～5 倍的清水浸没大豆，浸泡时间一般春季 12～14 h，夏季 6～8 h，冬季 14～16 h，其浸泡时间不宜过长或太短，以扭开豆瓣，内侧平行，中间稍留一线凹度为宜。

③磨浆：按豆与水之比为 1∶(3～4)的比例，均匀磨碎大豆，要求磨匀、磨细，

多出浆、少出渣，细度以能通过 100 目筛为宜。最好采用滴水法磨浆，也可采用二次磨浆法。

④过滤：过滤是保证豆腐成品质量的前提，如使用离心机过滤，要先粗后细，分段进行。一般每千克豆滤浆控制在 15～16 kg。

⑤煮浆：煮浆通常有两种方式。一种是使用敞开大锅，另一种是使用密封煮浆。使用敞开锅煮浆要快，时间要短，一般不超过 15 min。锅三开后，立即放出浆液备用。如使用密封煮罐煮浆，可自动控制煮浆各阶段的温度，煮浆效果好，但应注意温度不能高于 100℃，否则会发生蛋白质变性，从而严重影响产品质量。

⑥点浆：点浆是保证成品率的重要一环。待豆浆温度至 80℃ 左右时进行点浆。其方法是：将葡萄糖酸内酯先溶于水中，然后尽快加入到冷却好的豆浆中，葡萄糖酸内酯添加量为豆浆的 0.3%～0.4%，加入后搅匀。

⑦装盒：加入葡萄糖酸内酯后，即可装入盒中，制成盒装内酯豆腐，稳定成型后，便可食用或出售。如要制成板块豆腐，则按常规方法压榨滤水即可。

6. 彩色豆腐的制作方法

彩色豆腐与传统豆腐一样，都是以大豆为原料。不同的是，它在制作中加入天然蔬菜果汁辅料，形成天然色彩，且含有丰富的营养成分，保存了蔬菜中的纤维素，有利于人体吸收、消化。制作彩色豆腐的基本工艺与传统豆腐基本相同，关键工序是菜汁的加入。

彩色豆腐的色泽主要取决于蔬菜汁的色泽。例如，制作绿色豆腐可选用芹菜、萝卜缨和芹菜缨、辣椒叶、红薯叶等；制作黄色豆腐，可用胡萝卜等；制作红色豆腐，可用番茄来榨汁。

①榨取菜汁选取新鲜的蔬菜，清洗干净，切碎捣烂，而后榨取汁液，过滤除去菜渣。菜汁的 pH 小于 6 时，彩色豆腐凝固不完全，产品质地过于软嫩松散。pH 大于 6.5 时，产品质地粗硬易断，表面粗糙。所以菜汁的 pH 最好调整到 6.0～6.5，这样产品的质地细嫩，有光泽、弹性大，且出品率高。

②彩色豆腐的加工应注意豆乳与菜汁的混合比例。菜汁量小，不易使豆腐着色；菜汁过多则会产生青草味，使风味变坏。一般适用量为每 50 mL 的豆乳加 8～10 mL 的浓缩菜汁。

③在煮沸的豆乳中添加菜汁后煮沸时间不宜太长；以免损伤菜汁中的营养成分。菜汁加入后一定要充分搅拌，混合均匀，以免影响成品色泽。

注意事项：为了提高菜汁的利用效率，减少用量，可以考虑菜汁的浓缩。若菜汁浓缩至 1/2，每 100 mL 豆乳由原来需加入 16 mL 改为只需加入 8 mL 即可，产品的质量跟未浓缩时相差不大。蔬菜汁要在豆浆基本煮好后再加入，加入后煮沸

2～3 min即可，时间过长会使维生素损失，太短则达不到消毒灭菌的作用。煮好的豆浆与菜汁混合液进入点浆工序时，其温度一般在90～95℃，豆浆浓度约为8度。根据环境温度加入适量的冷水，使豆浆温度降至70～80℃，浓度相应地降至7.5度左右时开始点浆。

由于蔬菜汁的加入，改变了豆浆原有的pH，所以凝固剂的加入，应因蔬菜汁的pH不同而适当调整，如pH低的番茄汁，凝固剂用量应适当减少。

(二)腐竹的加工技术

1. 工艺流程

腐竹的生产工艺流程如图5-3所示。

精选原料 → 浸豆磨浆 → 滤浆上锅 → 煮浆挑膜 → 烘干成竹

图5-3　腐竹的生产工艺流程图

2. 操作规范

(1)原料的精选

腐竹成品要求鲜白，所以应选择皮色淡黄的大豆，而不采用绿皮大豆。选择颗粒饱满、色泽金黄、无霉变、无虫蛀的新鲜黄豆，通过筛选清除劣豆、杂质和砂土，使原料纯净，然后置于电动万能磨中，去掉豆衣。

(2)浸豆磨浆

把去衣的黄豆放入缸或桶内，加入清水浸泡，并除去浮在水面的杂质。水量以豆置容器中不露面为度。浸豆时间，夏天为20 min，气温在35℃左右，浸后要用水冲洗酸水，然后捞起置于箩筐中沥水，并用布覆盖在黄豆面上，让豆片膨胀；冬天若气温在0℃以下，浸泡时可加些热水，时间30～40 min，排水后置于缸或桶内，同样加布覆盖，让其豆片肥大。通过上述方法，8 h左右，即可磨浆。磨浆时加水要均匀，使磨出来的豆浆细腻白嫩。炎夏季节，蛋白质极易变质，须在磨后3～4 h内把留在磨具各部的酸败物质冲洗净，以防下次磨浆受影响。

(3)滤浆上锅

把豆浆倒入缸或桶内，用热水冲浆，水的比例为每100 kg黄豆原料加500 kg的热水，搅拌均匀，然后备好另一个缸或桶，把豆浆倒入滤浆用的吊袋内，不断摇动吊袋，进行第二次过滤浆液；依此进行第三次过滤，即可把豆沥尽。然后把豆浆倒入特制的平底铁锅内。

(4)煮浆挑膜

煮浆是腐竹制作的一个关键环节。其操作步骤是：先旺火猛攻，当锅内豆浆煮开后，炉灶即可停止鼓风，并用木炭、煤或木屑盖在炉火上抑制火焰，降低炉温，同时撇去锅面的白色泡沫。过5～6 min，浆面自然结成一层薄膜，即为腐竹膜。此时用剪刀对开剪成两瓣，再用竹竿沿着锅边挑起，使腐膜形成一条竹状。通常每口锅备4条竿长80 cm，可挂腐竹20条，每口锅15 kg豆浆可揭30张，共60条腐竹。在煮浆揭膜这一环节中，成败的关键有三：一是降低炉温后，如炭火或煤火接不上，或者太慢，锅内温差过大，就会变成腐花，不能结膜。因此停止鼓风后，必须将预先备好的烧红的炭火加入，使其保持恒温。有条件的可采用锅炉蒸汽输入锅底层，不直接用火煮浆。二是锅温未降，继续烧开，会造成锅底烧疤，产量下降。三是锅内的白沫没有除净时，会直接影响薄膜的形成。

(5)烘干成竹

豆腐筋宜烘干不宜晒干，日晒易发霉。将起锅上竿的腐竹膜放入烘房，烘房内设烘架，将其悬于烘房内，保持60℃火温。若火温过高，会造成竹脚烧焦，影响色泽。一般烘6～8 h即干。干后头尾理齐，可采用塑料薄膜袋装成小包。腐竹质地较脆，属易碎食品，在贮存运输过程中，必须注意防止重压、摔打；同时注意防潮，以免影响产品质量，降低经济价值。

六、豆乳的生产

(一)豆乳的营养及种类

1.豆乳的营养

①营养水平比牛乳更高。豆乳的热量、蛋白质比人乳、牛乳的高，脂肪和总糖比人乳、牛乳的低。

②豆乳中不含胆固醇，亚油酸含量高，对老年人心血管病有一定疗效。

③豆乳中含有丰富的维生素E和磷、钙、锌、铁等多种矿物质。

④豆乳价廉物美，又适于工业化大批量生产。

2.豆乳的种类

(1)纯豆乳

纯豆乳又称淡豆乳或豆乳。单纯以大豆为原料，经加工制成的乳状饮品，也可添加营养强化剂。豆乳中大豆固形物含量在8%以上，蛋白质含量在3.2%以上。

(2)调制豆乳

调制豆乳是以纯豆乳为主要原料，加入白砂糖、精制植物油、乳化稳定剂等调制而成的乳状饮品。大豆固形物含量5%以上，蛋白质含量在2%以上。

(3)豆乳饮料

①非果汁型豆乳饮料：是在纯豆乳中添加糖、风味料(除果汁外)，经调制而成的乳状饮料，大豆固形物含量2.0%以上，蛋白质含量1%以上。

②果汁型豆乳饮料：是在纯豆乳中添加糖、果汁等调制而成的乳状饮料，大豆固形物含量在2%以上，蛋白质含量在0.8%以上，原果汁含量在2.5%以上。

(二)豆乳加工

1.工艺流程

豆乳的生产工艺流程如图5-4所示。

大豆清理与浸泡→去皮→灭酶→磨浆→离心分离、真空脱臭→调配→均质→超高温短时杀菌→冷却→贮存→成品

图5-4　豆乳的生产工艺流程图

2.操作规范

(1)脱皮

用全脂大豆生产豆乳主要是提取其中的蛋白质和脂肪。一般大豆含蛋白质40%左右，脂肪18%左右，矿物质4%左右。而种皮中含蛋白质仅7%左右，脂肪0.6%左右，有用成分数量少、质量差。另外，种皮里含糖类和皂角甙成分特别高，能直接影响豆乳产品的味道，而且易产生泡沫。因此，带皮加工不但会降低设备的处理能力，而且容易影响豆乳产品的质量。更加之皮上沾染有许多难以杀死的土壤菌，因此，脱皮也为缩短加热时间、防止豆乳过度变性，以至褐变创造了条件。脱下的种皮可以做饲料用，并不浪费。因此，脱皮加工比带皮加工是合算的。

(2)酶钝化处理

它是采用蒸热法、瞬间高温处理法。将脱皮后的物料加入酶钝化机的内筒，加浓度为5%的碳酸氢钠，加热水，在绞龙的作用下强制搅拌并向前输送，外面用4 kg/cm^{2}的蒸汽加热(在150℃以上，时间50 s)，由酶钝化机排出，并在密闭状态下，立即边加热水边进行粗粉碎。这是使脂肪氧化酶等酶类钝化，保证生产无豆腥味、无基涩味豆乳的关键。为了增加蛋白质和其他固形物的提取量，将粗粉碎的豆乳再用蛋白质溶出器细磨至微粒。然后离心分离，排出豆渣，其固形物收率可达60%。

(3)调制

所谓调制就是在纯豆乳中适当地补加一些油脂、糖类、维生素、矿物质、乳化剂、稳定剂和一些调味料等，使豆乳的营养和味道、品质和质量达到非常理想的境地。添加的脂肪一般都选择含亚油酸多的，味道就较好。但是亚油酸多，融点就低，乳化性不稳定，易分层。所以调制时要充分搅拌。添加的糖类要避免使用单糖类，因为单糖容易同氨基酸结合，加热产生褐变。不要使用黏性高的糖类，以免焦着在杀菌装置上。添加盐类时，要防止因热反应使蛋白质凝固。如补充钙质时，最

好加胶体碳酸钙。

(4)杀菌和脱臭处理

豆乳不宜像牛乳那样消毒灭菌,不允许采用巴氏灭菌法,甚至在130℃、保持1 min的加热也是不彻底的,而且这样消化率反而会变坏。要采用140℃瞬间高温杀菌,一般使用间接加热的板式换热器,但是它有加温不均匀、易结疤等缺点。采用将调制好的酸豆乳向高压蒸汽中喷射的方法,使豆乳的微小雾滴和高温蒸汽直接接触换热,杀死一般的细菌和耐热菌,同时也分解了皂角甙、低聚糖等妨碍消化的物质,使豆乳中的营养物质维持良好的消化率。杀菌后的豆乳马上送到真空设备里进行瞬间闪蒸,排除挥发性臭味,同时把豆乳中的蒸汽冷凝下来除掉,并使豆乳降温。

(5)均质

为了防止豆乳产品发生乳相分离,脂肪上浮、蛋白质沉淀的现象,使用高压泵将豆乳强制通过均质阀的狭小缝隙,在狭窄的锐孔中液体突然受到剧烈地压缩,进而获得一个极高的速度,瞬间喷出,被猛烈地撞击,突然失掉高压,仅仅1/20 s的时间内,豆乳经历了多种变化,受到了多种作用,这就使得豆乳中的脂肪球破裂为极其细微的小球。均质压力在200 kg/cm^{2}时,脂肪球的科尔摩高洛夫标度大致为0.18 μm。这样细微的脂肪球的乳化剂的作用下,就很难再聚结、上浮和发生分离现象了。

(6)包装

豆乳是营养丰富的蛋白质饮料,但也成了细菌生活和繁殖的好地方,所以豆乳产品也很容易腐败变质。尤其是在酷暑的夏季,当天生产的豆乳只有4~5 h就能坏掉。因此,只有采用防腐包装、严格消毒灭菌,才能确保豆乳长期具有新鲜性,延长货架期,便于运输和销售。

七、新型豆制品加工

(一)纳豆食品

1.制作方法

大豆蒸煮后加入磨碎的蘑菇和其他碳源物质。然后给经上述处理的大豆接种上纳豆杆菌和乳酸菌,经过发酵制成发酵大豆食品。采用这种方法制成的纳豆食品的风味和味道比单纯把纳豆杆菌接种在大豆上所生产的纳豆食品的风味要好,并且保存期延长了。

2.加工实例

(1)大豆的蒸煮处理

大豆经过清洗在冷水中浸泡12 h,沥掉泡豆水后,将大豆放入压力锅中以

1 kg/cm^{2}的压力热处理 45 min，热处理的大豆冷却到 40℃左右时，蒸煮的大豆的重量几乎为原大豆的 2 倍。

(2)纳豆杆菌和乳酸菌在 1 L 的营养液中进行培养

培养液组成：葡萄糖 50 g，乳糖 50 g，蛋白胨 10 g，酵母膏 5 g，氨基酸 10 g，食盐 8 g，生蘑菇(均质)100 g。

(3)接种、发酵

培养好了的纳豆杆菌和乳酸菌悬浮溶液均匀喷洒在蒸煮处理过的大豆上。其喷洒量为每 400 g 蒸煮大豆上喷洒 40 mL 纳豆杆菌和乳酸菌悬浮液，然后均质。每 100 g 接种好的大豆输入一个合适的盛器内，放入 40～42℃的发酵间发酵 20 h。

(4)冷藏、检验鉴定

发酵完后，产品从发酵间取出，并冷藏。4 和 14 d 后检验 1 g 纳豆食品中纳豆杆菌的量，同时感官鉴定纳豆食品的色泽、味道、风味和丝状情况。14 d 后测这种食品的阿摩尼亚氮和 pH。一些样品还要冷冻脱水再测乳酸菌的含量。

(二)大豆浓缩蛋白

大豆浓缩蛋白又称 70%蛋白粉，原料以低温脱溶粕为佳，也可用高温浸出粕，但得率低、质量较差。生产浓缩蛋白的方法主要有稀酸沉淀法和酒精洗涤法。

1. 稀酸沉淀法

利用豆粕粉浸出液在等电点(pH 4.3～4.5)状态蛋白质溶解度最低的原理，用离心法将不溶性蛋白质、多糖与可溶性碳水化合物、低分子蛋白质分开，然后中和浓缩并进行干燥脱水，即得浓缩蛋白粉。此法可同时除去大豆的腥味。稀酸沉淀法生产浓缩蛋白粉，蛋白质水溶性较好(PDI 值高)，但酸碱耗量较大。同时排出大量含糖废水，造成后处理困难，产品的风味也不如酒精法。

2. 酒精洗涤法

利用酒精浓度为 60%～65%时可溶性蛋白质溶解度最低的原理，将酒精液与低温脱溶粕混合，洗涤粕中的可溶性糖类、灰分和醇溶蛋白质等。再过滤分离出醇溶液，并回收酒精和糖，浆液则经干燥得浓缩蛋白粉。此法生产的蛋白粉，色泽与风味较好，蛋白质损失少。但由于蛋白质变性和产品中仍含有 0.25%～1%的酒精，使食用价值受到一定限制。此外还有湿热水洗法、酸浸醇洗法和膜分离法等。其中膜分离法是用超滤膜脱糖获得浓缩蛋白，反渗透膜脱水回收水溶性低分子蛋白质与糖类，生产中不需要废水处理工程，产品氮溶指数(NS)高，因此是一种有前途的方法。

(三)大豆分离蛋白

大豆分离蛋白是指除去大豆中的油脂、可溶性糖及不可溶性糖类后的大豆蛋白，其蛋白质含量一般在90％(干基)以上，它是所有大豆蛋白制品中最纯的一种。大豆分离蛋白的制取较大豆浓缩蛋白的制取复杂，需要除去低分子可溶性非蛋白成分(可溶性糖、灰分等)和不溶性高分子成分(不溶性纤维、杂质等)。在食品工业中主要利用其优良的功能特性。

大豆分离蛋白的制取方法主要是碱提酸沉法。美国、日本等国家开始采用超滤膜法和离子交换法。碱提酸沉提取大豆分离蛋白的工艺如下。

1. 生产原理

利用大豆蛋白质能溶于稀碱液的特性，用稀碱液浸泡低温脱脂豆粕，使可溶性蛋白、糖类溶解后，过滤或离心分离除去不溶性物质。然后，用酸把浸提液pH调至等电点4.5左右，使蛋白质沉淀分离，干燥即得。

2. 生产工艺

大豆分离蛋白的生产工艺流程如图5-5所示。

低温脱脂豆粕 → 清理 → 浸提 → 渣液分离 → 酸沉 → 离心分离 → 碱液调节 → 灭菌 → 浓缩 → 喷雾干燥 → 包装 → 粉状大豆分离蛋白

图5-5　大豆分离蛋白的生产工艺流程图

(1)选料

原料豆粕无霉变，含壳量低，杂质少，蛋白质含量高(45％以上)，蛋白分散指数高于80％。

(2)粉碎与浸提

原料豆粕粉碎至40～60目，加原料量12～20倍的水，温度控制在30～70℃，用氢氧化钠溶液调整pH 7～9，以30～35 r/min的速度搅拌，溶解时间控制在120 min，终止提取前30 min停止搅拌，提取液经过滤筒放出，剩余残渣进行第二次浸提。

(3)粗滤与第一次分离

粗滤与第一次分离的目的是除去不溶性残渣，粗滤的筛网一般为60～80目，离心机筛网一般在100～140目。

(4)酸沉

将二次浸提液注入酸沉罐中，边搅拌边缓慢加入10％～30％的食用级盐酸溶液，调pH至4.4～4.6，测定pH达到等电点时，停止搅拌，使蛋白质在等电点状态下静置20～30 min，使蛋白质沉淀。

(5)二次分离与洗涤

用离心机离心沉淀蛋白质，弃去上清液，用50～60℃的温水冲洗沉淀2次，去除残留氢离子，水洗后的蛋白质溶液 pH 在 6 左右。

(6)打浆、回调及改性

分离沉淀的蛋白质呈凝乳状，有较多团块，不利于喷雾干燥，需加适量水并研磨、搅打成匀浆以利于进行喷雾干燥操作。为了提高凝乳蛋白的分散性和产品的实用性，可加入 5%的氢氧化钠溶液，搅拌速度为 85 r/min，进行中和回调使 pH 为 6.5～7.0。为了提高大豆分离蛋白功能特性，可在回调后对浆液进行热处理，处理温度和时间为 90℃加热 10 min，或 80℃加热 15 min，既可起到杀菌作用，又可提高产品的凝胶性。

(7)干燥

大豆分离蛋白的干燥普遍采用喷雾干燥，浆液温度控制在 12%～20%，选用压力喷雾，喷雾时进风温度为 85～90℃。

(四)大豆组织蛋白

大豆组织蛋白是以豆粉、大豆浓缩蛋白或大分子蛋白质等为原料，加入一定量的水及添加剂混合均匀，经加温、加压、成型等机械或化学方法改变蛋白质组成方式，使蛋白质分子之间整齐排列，产生同方向组织结构，提示凝固起来，形成纤维状蛋白质，使之具有与肉类似的咀嚼感，所以又称植物蛋白肉。

大豆组织蛋白的生产方法很多，有纺丝法(用碱液拌和、酸溶解后延伸加热成型，产品呈纤维状)、挤压蒸煮法(加水、加热、膨化挤压成型，产品呈多空粒状)、湿热加热法(加水、急剧加热、搅拌、加热成型)、冻结法(加水、加热、冷冻浓缩、冻结成型，产品呈海绵状)以及胶化法(加水、加热、高浓度加热、加热成型)等，其中挤压膨化法应用较广泛。

1. 挤压膨化法

大豆组织蛋白的生产工艺流程如图 5-6 所示。

原料→粉碎→调和→挤压膨化→干燥→产品

图 5-6　大豆组织蛋白的生产工艺流程图

2. 操作要点

(1)原料的选择与粉碎

原料可用低温脱脂豆粕、高温脱脂豆粕、冷榨豆粕、脱皮大豆粉、大豆浓缩蛋白、大豆分离蛋白等。以蛋白质溶解度高、含脂量低的为好。蛋白质溶解度高易于组织化，含脂量低利于生产。豆粕、豆饼价格较低，实用性较大，而大豆浓缩蛋白、大豆分离蛋白的价格高，只用作配料，原料调和前应粉碎至粒度 40～100 目。

(2)调和

粉碎后的原料加适量水、碱、调味剂调和成团。不同设备对水分要求不同，加水时要注意。碱多用氢氧化钠或碳酸钠，添加量一般在1.0%～2.5%，粉料pH一般调至7.5～8.0。常用的调味剂有食盐、味精、酱油、香辛料等。

(3)挤压膨化

此工序是生产的关键，必须控制好挤压温度。一般挤压机的出口温度不应低于180℃，入口温度应控制在80℃左右。

(4)干燥

采用普通鼓风干燥、真空干燥，也可采用流化床干燥。干燥温度控制在70℃以下，最终水分需控制在8%～10%。

(五)大豆分离蛋白在食品加工中的应用

1.大豆分离蛋白在饮料生产中的应用

传统的豆奶制品是以大豆浸泡后、研磨、烹煮、过滤而成。全脂大豆生产出来的豆乳产品在口感上“豆腥味”重，不易强化其他营养素，容易产生酸败风味。

大豆分离蛋白是一种温和、润滑、具有良好口感的产品，高分散型分离蛋白具分散性(冲调性)、溶解性、分散稳定性及乳化性，是很好的低热量、高营养、安全、方便的加工配料。

大豆蛋白的氮溶解指数(NSI，是指水溶性蛋白质占总蛋白质的百分比)是蛋白质变性程度的重要指标。在饮料中应用时，NSI值高的大豆蛋白能够使蛋白质产品的功能特性充分得到发挥。

添加少量大豆分离蛋白到中性饮料中，可以保持饮料正常的风味和颜色，例如巧克力和咖啡饮料。混浊的外观是柑橘类饮料如橘子汁、柠檬汁及酸橙汁等天然果汁的一种重要特征，实践证明大豆蛋白与水溶性胶和大豆卵磷脂一起添加，具有良好的混浊效果，可作为橙汁混浊剂，能够赋予饮料以典型的色泽、风味以及口感，并且可以避免使用一些化学合成的混浊添加剂的安全问题。

大豆分离蛋白是开发功能性饮品的优质原料，可强化必需营养元素，如添加钙、铁、锌等矿物质及维生素C、B族维生素等；可以根据消费者人群选择全脂蛋白或脱脂蛋白；可以分为原味、添加风味的产品；可以生产液体、半固体、发酵产品等。

2.大豆分离蛋白在面制食品中的应用

由于大豆蛋白所含的氨基酸比较均衡，几乎与世界粮食与农业组织和世界卫生组织推荐氨基酸组成相符，特别是大豆蛋白中赖氨酸含量高于其他谷类制品，所以其应用于面制食品中，能提高产品蛋白质含量，另外，根据氨基酸互补原则可知，大豆蛋白的添加还能提高产品蛋白质量。又因其加工特性，在加工中可以增加面制食品色、香、味，延长面制面食品的货架期。

(1)生产面条和挂面

在面粉中加入 7%～9%的大豆分离蛋白，可显著提高面粉的蛋白质含量和湿面筋含量，从而改善面团的流变学特性；制作的面条韧性、口感较好，无明显的豆腥味；既增加了挂面的营养价值，又提高了挂面的加工特性。

(2)生产焙烤食品

在焙烤食品中添加高分散性大豆分离蛋白，既可增加产品的蛋白质含量，还能提高产品质量。如利用大豆分离蛋白的吸水性、乳化性、膨胀性和发泡性等加工特性，可提高面包的营养价值和吸水率，增大面包体积，改善表皮色泽和质地，增进面包风味，防止面包老化，延长货架期。在面包中添加大豆蛋白 7.5%以下时，面包感观变化不大，大于 7.5%时对面包影响较大。

在制作蛋糕时，加入大豆分离蛋白，可改善蛋糕起泡性、吸水性，使蛋糕质地膨松，蜂窝细腻，色泽、口感良好，不易干硬，抗老化。此外，大豆分离蛋白具有吸油性，可用于酥类糕点和酥性饼干的生产，使产品酥软可口。如在生产饼干时，在原料中加入 15%～30%的大豆蛋白粉，不但能提高蛋白质含量，增加营养价值，且能增加饼干酥性，还可起到保鲜作用。

(3)生产方便面

方便面中添加活性大豆蛋白粉后，在咀嚼时有特殊香味，比较适口。添加活性大豆蛋白粉的方便面口感好，有咬劲，爽滑，面条的脆性明显下降，复水快，这是因为大豆蛋白具有凝胶性等特点。添加大豆蛋白粉，大豆蛋白充分吸水产生一定的黏度和胶体状，使得面条致密光亮，但添加量到 6%时，反而会影响面条的烹调性。另外，随着大豆蛋白粉添加量增加，方便面中含油量会有不同程度下降，这是因为蛋白质遇热变性，在油炸面食的表面形成油层。添加 3%，含油降低 4.3%；添加 4%，含油降低 5.7%；添加 5%，含油降低 6.7%；添加 6%，含油量降低 7.75%。

3. 大豆分离蛋白在肉制品加工的应用

大豆分离蛋白在肉制品加工中应用已有一段时间了，其既可作为非功能性填充料，也可作为功能性添加剂用于改善肉制品的质构和增加风味。大豆分离蛋白由于其特殊的功能特性，即使添加量在 2%～25%，都可以起到良好的保水、保脂、防止肉汁分离、提高品质以及改善口感的作用，同时还可延长肉类产品的货架期。

(1)在块状肉制品中的应用

块状肉制品是指整块或大块肉制品，像盐水火腿(西式火腿)、咸牛肉等大块肉制品。在加工过程中肌肉组织的完整性被破坏，因此，可以在腌制盐水中添加大豆分离蛋白，通过注射和滚揉等方法，使盐水均匀扩散到肌肉组织中，并与盐溶性肉蛋白配合来保持肉块的完整性，提高出品率。加工中主要是利用大豆分离蛋白的保水胜和胶凝性，可以提高产品质地，改善组织特性（切面、嫩度、口感）和表面形态，减少脱水收缩，稳定产品得率等功能特性。通常小型块肉制品（厚度不超过6 cm）采用滚揉方式加入，大（整）块肉制品采用注入法加入，即将8%左右的大豆分离蛋白充分溶解于腌制液中，然后将这种液体注射到肉块中，使腌液完全浸透到肌肉组织中，采用这种方法，可增加得率20%并大大缩短浸渍时间。

(2)在碎肉制品中的应用

碎肉制品属于大众普通肉制品，大豆分离蛋白使用量少。对于肉饼、碎肉丸、饺子、包子及烧卖等碎肉制品，通常用烤、炸、蒸、煮方式加工，加工温度较高，采用拌混方式加入大豆分离蛋白，主要是利用其吸水、吸油特性较好，作为添加物料来改善产品质地（减少脂肪游离），它不仅能产生肉一样的口感，而且能增强持水性，减少馅饼蒸煮收缩，提高出品率，降低成本，同时还能提高制品的营养价值。

(3)在仿肉制品中的应用

利用大豆分离蛋白的功能特性，制造各种仿真肉制品，这些产品中没有肉或用其他肉替代，但却具有天然肉制品的风味和口感，有高蛋白质、低脂肪、不含胆固醇、营养价值高等优点。

(4)在乳化类肉制品中的应用

乳化类肉制品指的是肉糜香肠、火腿、咸牛肉等。添加大豆分离蛋白主要是利用其结合脂肪和水的能力，并与盐溶性肉蛋白形成稳定的乳化系统和填充性，在保持成品质量不变的前提下，减少淀粉等物料添加，降低瘦肉比率，提高产品质地、得率和蛋白质指标，增加脂肪添加量和产品热加工稳定性，降低成本。通常采用高速斩拌方式加入，添加量主要受大豆分离蛋白质量、品种及热加工后的滋气味和色泽影响。一般鱼肉松7%，猪肉香肠5%，大豆分离蛋白、水、脂肪比例一般为1∶5∶5。试验表明，添加大豆分离蛋白的火腿肠比不添加大豆分离蛋白的火腿肠，产品蒸煮收缩程度小得多，产品更加多汁，肉质更加细嫩、口味细腻。

相关标准

发酵性豆制品卫生标准（GB 2712—1998）

中华人民共和国行业标准植物蛋自饮料豆奶（豆浆）和豆奶饮料（QB/T 2132—2008）

中华人民共和国行业标准速溶豆奶粉（QB/T 2075—1995）

相关网站

www. dzpcn. com

dzpzx. p. tech-food. com

学习项目一　传统豆制品的加工工艺

学习任务

1. 能够列举出目前市场上传统豆制品种类。

2. 能合理评价传统豆制品的营养。

3. 知道传统豆制品生产中存在的问题，能提出一些改进的建议。

4. 熟悉各类传统豆制品的加工工艺。

5. 熟悉传统豆制品加工的机械设备，并能操作。

完成此项任务需要 4 学时。

一、学习准备

课程导入

你吃过的豆制品有哪些？你会选购豆制品吗？

小词典：常见豆制品选购方法

豆腐和内酯豆腐：表面平整无气泡，有少许豆香气。当天生产的豆腐可以凉拌食用。在 10℃以下保存 3 d 不变质、无酸味。

豆腐干：有白豆腐干、五香豆腐干、蒲包豆腐干等品种。质量好的白豆腐干表皮光洁呈淡黄色，有豆香味，方形整齐，密实有弹性；五香豆腐干表皮光洁带褐色，有五香气味，方形整齐，坚韧有弹性；蒲包豆腐干为扁圆形浅棕色，颜色均匀光亮，有少许五香味，坚韧密实。兰花豆腐干表面与切面均为金黄色，刀口的棱角看不到白坯，有油香味。

劣质豆腐干质地粗糙，表面黏滑，有异味。

腐竹：质量好的腐竹颜色为淡黄色，有光泽，蛋白质呈纤维状，迎着光线能看到一丝一丝的纤维组织。质量好的腐竹易碎，同时，在温水中浸泡 10 min 左右，泡出来的水呈淡黄色且不浑浊。劣质腐竹呈灰黄色、深黄色或暗黄色，色泽暗淡无光泽。

预习单

(一)豆制品的种类及营养价值

1. 传统大豆制品有哪几种？试举例。

2.大豆蛋白类制品是以脱脂大豆为原料生产出的高营养产品。主要有哪些?

3.全豆制品主要有哪些?

4.大豆生物活性物质主要有哪些?其作用是什么?

5.大豆营养抑制素是指哪些物质?

(二)传统豆制品的加工工艺

小词典:如何选购和食用豆腐

豆腐的颜色是白色或乳白色;切面应不出水,细嫩;表面平整,无气泡;拿在手里摇晃而无豆腐晃动感;可闻到少许豆香气。切开不塌不裂,无涩味。

南豆腐适合做汤类和滑炒类;北豆腐适合制作冻豆腐或炖煮;内酯豆腐适合做汤。

阅读资料单及查阅资料,完成下列题目。

1.传统豆制品常用的凝固剂有两大类,即盐类和酸。生产豆腐应用的最广的凝固剂有哪几种?

2.写出传统豆制品加工工序。

3.南豆腐与北豆腐生产工艺的差异有哪些?

4.与传统南豆腐和北豆腐相比内酯豆腐有何特点?

5.彩色豆腐是如何加工的?

6.写出加工腐竹的工艺流程。

二、教学实施

在教师的引导下,以学习小组为单位完成下列学习页。

学习页

(一)豆制品的观赏

传统豆制品种类

名称	豆腐	豆腐干	豆腐皮	腐乳	豆豉	其他
展现形式						
品种						
生产企业						
销售方式						
价格						
学生补充						

课后拓展:豆制品企业的经营利润及风险调查。

(二)豆制品加工设备的熟悉和使用

传统豆制品加工设备

设备类型	机械名称、型号	作用	是否会操作
清理设备			
浸泡设备			
粉碎设备			
煮浆设备			
凝固设备			
包装设备			
其他			

(三)传统豆制品加工工艺的熟悉和探讨

1. 豆腐的加工工艺

南豆腐的加工工艺流程	
北豆腐的加工工艺流程	
内酯豆腐加工工艺流程	
共同点	
区别	

2. 腐乳的加工工艺

腐乳的加工工艺流程	
操作要点	

3. 豆豉的加工工艺

豆豉的加工工艺流程	
操作要点	

课后拓展:对传统豆制品加工企业提出改进建议。

三、评价与反馈

按照附录的考核单评价。

四、总结与反思

1. 北京地区传统豆制品生产现状怎样？存在的问题有哪些？发展优势有

哪些？

2.传统豆制品的营销途径有哪些？存在哪些问题？

3.传统豆制品的加工标准有哪些？急需制定的相关生产标准的产品种类有哪些？

五、拓展学习

1.总结自己学习中还需解决的问题。

2.进行一次传统豆制品加工企业的调研。要求有调研方案、调研报告及过程材料。

学习项目二　豆乳及大豆蛋白的加工工艺

学习任务

1.通过市场调查及查阅资料了解市场上主要的豆乳产品和大豆蛋白产品，了解相关加工企业的生产情况。

2.熟悉豆乳制品加工设备并会使用。

3.知道豆乳及新型豆制品加工工艺。

完成本学习任务需4学时，本学习任务采用多媒体课堂教学和生产车间参观相结合的教学方法。

一、学习准备

课程导入

大豆蛋白有哪些？与动物蛋白相比有何特点？

小词典：大豆蛋白知多少

大豆蛋白是植物性完全蛋白质：大豆类产品所含的蛋白质，含量约为38%，是谷类食物的4～5倍。大豆蛋白的氨基酸组成与牛奶蛋白质相近，除蛋氨酸略低外，其余必需氨基酸含量均较丰富，在营养价值上，可与动物蛋白等同。

大豆蛋白的生理效价高：FAO/WHO(1985)人类试验结果表明，大豆蛋白必需氨基酸组成较适合人体需要，对于两岁以上的人，大豆蛋白的生理效价为100。

大豆蛋白中人体必需氨基酸含量高：大豆中富含蛋白质，其蛋白质含量几乎是肉、蛋、鱼的2倍。而且大豆所含的蛋白质中人体“必需氨基酸”含量充足、组分齐全，属于“优质蛋白质”。

大豆蛋白饮品被誉为“绿色牛奶”。现代人群所需要的食品应该是既能引起食欲，又无不良副作用，而且含有丰富营养。在现有食物类群中，具备上述条件、原料来源丰富的农作物莫过于大豆。大豆蛋白饮品比牛奶容易消化吸收。牛奶进入胃后易结成大而硬的块状物，而豆奶进入胃后则结成小的薄片，而且松软不坚硬，可使其更易消化吸收。所以，用大豆蛋白制作的饮品，被营养学家誉为“绿色牛奶”。

大豆蛋白有“血管清道夫”的美称。大豆蛋白对胆固醇高的人有明显降低胆固醇的功效。大豆蛋白饮品中的精氨酸含量比牛奶高，其精氨酸与赖氨酸之比例也较合理；其中的脂质、亚油酸极为丰富而不含胆固醇，可防止心血管疾病发生。丰富的卵磷脂，可以清除血液中多余的固醇类，有“血管清道夫”的美称。

大豆蛋白有着动物蛋白不可比拟的优点。动物肉类、乳类食品虽可提供大量优质蛋白，但其中含有较多的胆固醇，容易引发动脉硬化等“富贵病”。而大豆既有较高的蛋白质营养价值，又不含胆固醇，它特有的生理活性物质——异黄酮还有着降胆固醇的作用，因此在西方人餐桌上，一杯豆奶的价格超过了牛奶。

预习单

1. 下列对豆乳的营养评价是否恰当？

①营养水平比牛乳更高，豆乳的热量、蛋白质比人乳、牛乳的高，脂肪和总糖比人乳、牛乳的低。（　　）

②豆乳中不含胆固醇，亚油酸含量高，对老年人心血管病有一定疗效。（　　）

③豆乳中维生素和矿物质含量较低。（　　）

2. 豆乳分为哪几种？
3. 豆乳饮料可分为哪几种？
4. 写出豆乳加工的工艺流程。
5. 提高豆乳稳定性的措施有哪些？
6. 列举几种新型大豆制品。
7. 什么是纳豆食品？
8. 大豆浓缩蛋白生产的方法主要有哪些？
9. 大豆分离蛋白、大豆浓缩蛋白、大豆组织蛋白有何不同？

信息栏

历年来日本大豆用途基用量表　　10^3 t

年份	食用油	食品用	豆制品	酱油	纳豆	豆腐	豆乳	豆粉
1999	3 616	1 046	495	26	128	30	4	16
2000	3 751	1 017	492	30	127	29	6	17
2001	3 721	1 010	492	30	122	29	7	17
2002	3 813	1 015	492	32	129	29	9	17

续表

年份	食用油	食品用	豆制品	酱油	纳豆	豆腐	豆乳	豆粉
2003	4 024	1 035	494	35	141	29	11	17
2004	4 011	1 039	494	34	137	30	19	17
2005	3 810	1 045	494	34	142	30	23	17

二、教学实施

在教师的引导下，以学习小组为单位完成下列学习页。

学习页

(一)市场上豆乳品种的了解

市场上豆乳品种

种类	浆液类	豆粉类	其他
展现形式			
品种名称			
生产企业			
销售方式			
价格			
学生补充			

课后拓展：豆乳类产品的消费人群调查。

(二)豆乳制品加工设备的熟悉和使用

豆乳、豆粉加工设备

设备类型	机械名称、型号	作用	其他
清理设备			
磨浆设备			
均质设备			
杀菌设备			
灌装设备			
脱气设备			
分离设备			
干燥设备			
其他			

小词典:豆腥味的产生原因与去除方法

豆乳中豆腥味的产生是由于脂肪氧化酶的作用。脂肪氧化酶存在于接近大豆表皮的子叶中,当细胞破碎后,即使存在很少的水分,脂肪氧化酶也可利用溶于水中的氧使不饱和脂肪酸(如亚油酸和亚麻酸)发生酶促氧化,形成过氧化物,过氧化物可继续降解形成正己醇、乙醛和酮类等具有豆腥味的物质,这些物质又与大豆中的蛋白质有亲和性,很难去除。

为了防止豆腥味的产生,就必须钝化脂肪氧化酶。加热是钝化脂肪氧化酶的基本方法但加热会同时引起蛋白质的变性,在大豆中所含的与加工有关的几种酶中脂肪氧化酶是最不耐热的,因而仅为了钝化脂肪氧化酶可采用较轻程度的热处理,如果同时为了达到消除其他有害因子(如胰蛋白酶抑制素)的目的,可采用较强程度的热处理,在实际生产中常以脲酶的钝化与否来确定热钝化的程度。

(三)豆乳及新型豆制品加工工艺的熟悉和探讨

1. 豆乳加工工艺

豆乳的加工工艺流程	
操作要点	

2. 纳豆加工工艺

纳豆的加工工艺流程	
操作要点	

3. 大豆蛋白加工工艺

分离大豆蛋白的加工工艺流程	
浓缩大豆蛋白的加工工艺流程	
共同点	
区别	

课后拓展:查阅相关资料,写一篇关于大豆新型制品加工前景的综述。

三、评价与反馈

按照附录的考核单评价。

四、总结与反思

1. 北京地区有哪些新型豆制品生产企业?企业效益如何?

2.新型豆制品的营销途径有哪些？存在哪些问题？

3.如何合理科学评价新型豆制品的营养价值？

五、拓展学习

1.总结自己学习中还需解决的问题。

2.进行一次新型豆制品加工企业的调研。要求有调研方案、调研报告及过程材料。

实训项目一　加工豆腐

实训任务

1.全班同学分为三个生产车间，分别生产嫩豆腐、老豆腐、内酯豆腐。

2.真实场景生产操作，完成原料的验收、大豆的清理、磨浆、煮浆、过滤、凝固、成型切分、包装等全过程。

3.要求一周之前拟定生产计划书，并请实践指导教师审阅，通过后可进行生产。

4.产品符合企业、行业要求。

完成此项任务需要6学时。

一、实训准备

（一）分组，选定工作岗位

姓名	组号（车间）	岗位（工作分工）	主要工作内容	完成时间

（二）拟定生产计划书

（三）生产设备的调试和准备

××豆腐生产设备

名称	型号	未准备	准备好	现状	会使用	不会使用	解决途径

(四)生产原料的验收和准备

1. 原料的验收

品种	产地	生产时间	颜色	气味	等级	数量

2. 辅料的验收

种类	名称	生产企业	保质期	数量
凝固剂				
消泡剂				

二、生产实施

以小组为单位加工豆腐,并完成工作页。

工作页

(一)原、辅料预处理

原、辅料预处理的方法、工具设备

项目	原料大豆的预处理	凝固剂的预处理	消泡剂的预处理
方法			
机械设备			
注意事项			
完成情况			

(二)泡豆

泡豆的方法	
工具设备	
温度和浸泡时间	
操作要点	
判断大豆浸泡程度	
完成情况	

(三)磨浆

磨浆的要求	
操作要点	
注意事项	
完成情况	

(四)煮浆

煮浆的要求	
操作要点	
注意事项	
完成情况	

(五)过滤

过滤的要求	
操作要点	
注意事项	
完成情况	

(六)点浆、凝固(嫩豆腐、老豆腐)

点浆、凝固的要求	
操作要点	
注意事项	
完成情况	

(七)切分、包装(嫩豆腐、老豆腐)

切分、包装的要求	
操作要点	
注意事项	
完成情况	

(八)点浆、包装(内酯豆腐)

点浆、包装的要求	
操作要点	
注意事项	
完成情况	

(九)凝固(内酯豆腐)

凝固的要求	
操作要点	
注意事项	
完成情况	

三、评价与反馈

按照附录的考核单评价。

四、总结与反思

1. 工作中出现过什么问题？怎样解决的？有无更好的方法？

2. 吃苦耐劳方面表现如何？不及哪些同学？

3. 合作、协调能力如何？以后要怎样沟通？

五、拓展学习

总结自己工作中还需解决的问题。

实训项目二　加工豆乳

实训任务

1. 全班同学分为三个车间，分别生产纯豆乳、调制豆乳、果味豆乳饮料。

2. 真实场景生产操作，完成原料的验收、配料、磨制、分离、调制、均质、杀菌、包装等全过程。

3. 要求一周之前拟定生产计划书，并请实践指导教师审阅，通过后可进行生产。

4. 产品符合企业、行业要求。

完成此项任务需要 4 学时。

一、工作准备

(一)分组，选定工作岗位

姓名	组号(车间)	岗位(工作分工)	主要工作内容	完成时间

(二)拟定生产计划书

(三)生产设备的调试和准备

(四)生产原料的验收和准备

1. 原料的验收

品种	产地	生产时间	颜色	气味	等级	数量

2. 辅料的验收

种类	名称	生产企业	保质期	数量
糖				
植物油				
乳化剂				
果汁				
营养强化剂				

二、生产实施

以小组为单位加工豆腐，并完成工作页。

工作页

(一)原、辅料预处理

原、辅料预处理的方法、工具设备

项目	原料大豆的预处理	糖的预处理	其他
方法			
机械设备			
完成情况			

(二)大豆脱皮

方法	
工具设备	
操作要点	
判断大豆脱皮程度	
完成情况	

(三)酶的钝化与磨浆

酶的钝化方法	磨浆
要求	要求
操作要点	操作要点
注意事项	注意事项
完成情况	完成情况

(四)分离与真空脱臭

分离与脱臭的要求	
操作要点	
注意事项	
完成情况	

(五)调配

小词典:豆乳的理化指标(国标 GB/T 2132—1995)

指标	含量		
	纯豆乳	调制豆乳	果汁型豆乳饮料
每 100 mL 中总固形物含量/g	≥8.0	≥10	≥8.5
每 100 mL 中蛋白质含量/g	≥3.2	≥2.0	≥0.8
脂肪含量/%	≥1.6	≥1.0	≥0.4
总酸含量/(g/kg)	—	—	≤1.0

调配的要求	
操作要点	
注意事项	
完成情况	

(六)均质

均质的要求	
操作要点	
注意事项	
完成情况	

(七)杀菌

杀菌的要求	
操作要点	
注意事项	
完成情况	

(八)包装

包装的要求	
操作要点	
注意事项	
完成情况	

三、评价与反馈

按照附录的考核单评价。

四、总结与反思

1. 生产的豆乳的稳定性如何？如有不足是什么原因造成的？
2. 生产的豆乳的白度是否符合要求？如有不足是什么原因造成的？
3. 工作中出现过什么问题？怎样解决的？有无更好的方法？
4. 吃苦耐劳方面表现如何？不及哪些同学？
5. 合作、协调能力如何？以后要怎样沟通？

五、拓展学习

总结自己工作中还需解决的问题。

实训项目三　实验室提取大豆分离蛋白

实训任务

1. 全班同学分为四个小组，每组完成一种大豆的分离蛋白的提取工作。

2. 完成原辅料的选择、准备、浸泡、水磨、分离、调节 pH、脱水、分离蛋白等全过程。

3. 要求一周之前拟定大豆蛋白提取计划书，并请实践指导教师审阅，通过后可进行实验。

4. 对产品特性进行分析。

完成此项任务需要 4 学时。

一、工作准备

(一)分组,选定工作岗位

姓名	组号(车间)	岗位(工作分工)	主要工作内容	完成时间

(二)拟定生产计划书(格式自拟)

(三)提取设备的调试和准备

(四)生产原料的选择和准备

原料的准备

大豆品种	产地	颜色	气味性状	等级	数量

辅料的准备

种类	名称	生产企业	保质期	数量
盐酸				
纯碱				

小词典:大豆分离蛋白的提取

1.原料配方

大豆或低温脱脂豆粕、质量分数15%～30%的盐酸、碳酸钠。

2.加工设备

石磨、砂轮磨或钢磨均可,罐、木桶若干只。布袋:涤纶布、丙纶布、帆布均可做袋,尺寸大小视产量而定。精密pH验纸,规格pH 3.8～5.4。

3.工艺流程

大豆分离蛋白提取的工艺流程如图5-7所示。

浸泡 → 水磨 → 生豆浆分离 → 调节pH → 排除水分 → 分离蛋白

图5-7　大豆分离蛋白提取的工艺流程图

4.制作方法

大豆去杂、洗净,加3倍水浸泡6～10 h,沥干,加水磨,越细越好,磨毕再加水,总水量等于大豆的10～20倍,用碳酸钠或氢氧化钠调至pH 7～9,搅拌5 min,将全部大豆浆水打入布袋内,扎紧袋口,用力压榨得到生豆浆,然后在生豆浆中加入盐酸(1 kg 大豆,10 倍的水,约加 20 mL 盐酸),使生豆浆 pH 达 4.3,停止加酸,再将其倒入袋内,压榨除水,袋内即得新鲜的分离纯蛋白。

二、加工实施

以小组为单位提取大豆分离蛋白,并完成工作页。

工作页

(一)原、辅料预处理

原、辅料预处理的方法、工具设备

项目	原料大豆的预处理	碳酸钠的预处理	盐酸溶液(15%~30%)制备
方法及操作要点			
设备及用具			
注意事项			
完成情况			

(二)磨制

方法	
工具设备	
要求	
注意事项	
完成情况	

(三)加水、稀释、调节 pH

稀释加水	调节 pH
加水量	加碱量
温度	搅拌要求
完成情况	完成情况

(四)过滤豆浆、酸提

过滤豆浆	酸提
方法	加酸量
要求	要求
完成情况	完成情况

(五)分离、干燥

分离	干燥
方法	方法
要求	要求
完成情况	完成情况

干燥后计算大豆分离蛋白的得率(干基)。

三、评价与反馈

按照附录的考核单评价。

四、总结与反思

1.生产的大豆分离蛋白品质如何？与标准产品相比有哪些不足？
2.工作中出现过什么问题？怎样解决的？有无更好的方法？
3.吃苦耐劳方面表现如何？不及哪些同学？
4.合作、协调能力如何？以后要怎样沟通？

五、拓展学习

总结自己工作中还需解决的问题。

第六单元　植物油脂的加工

学习目标

1. 知道植物油脂提取及精炼的设备，熟悉植物油脂提取及精炼的工艺流程。
2. 明白植物油脂提取及精炼的主要工序及质量监控点。
3. 会鉴别常见植物油脂，会根据配方进行油品的调配。

内容结构

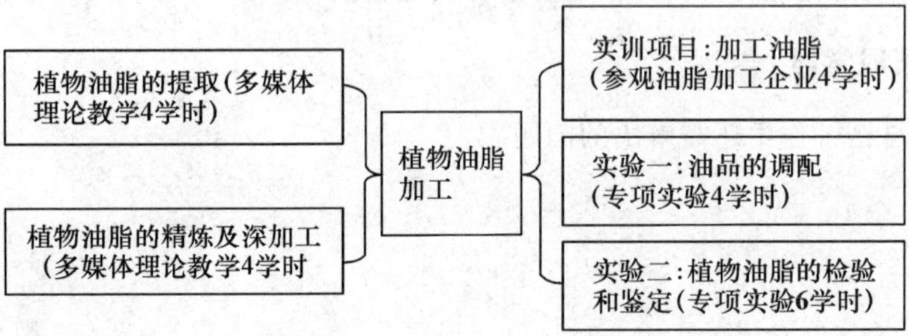

学习资料

植物油脂是人类必不可少的主要膳食成分之一，具有重要的生理功能，是人体必需脂肪酸的主要来源，同时也是重要的工业原料。

植物油脂制取通过研究油料的性质，选择合理的加工技术，制造符合人类需求的产品，使油料资源得到充分的利用。目前植物油脂制取方法主要有机械压榨法、溶剂浸出法、超临界流体萃取法及水溶剂法。超临界流体萃取法及水溶剂法制取的油脂纯度高、品质好，可以直接食用，而且饼粕中蛋白质资源可以得到充分利用。

随着食品安全法的颁布和各级植物油脂产品标准的出台，植物油脂生产过程中的质量监控显得尤为重要。

一、植物油料的种类及主要成分

(一)植物油料的分类

1.植物油料

凡是油脂含量达10%以上，具有制油价值的植物种子和果肉等均称为油料。

2.分类

根据植物油料的含油率高低，可将植物油料分成两类。

①高含油率油料：菜籽、棉籽、花生、芝麻等含油率大于30%的油料。

②低含油率油料：大豆、米糠等含油率在20%左右的油料。

(二)植物油料种子的主要化学成分

油料种子的种类很多，不同油籽的化学成分及其含量不尽相同，但各种油料种籽中一般都含有油脂、蛋白质、糖类、脂肪酸、磷脂、色素、蜡质、烃类、醛类、酮类、醇类、脂溶性维生素、水分及灰分等物质。

1.油脂

油脂是油料种子在成熟过程中由糖转化而形成的一种复杂的混合物，是油料种子中主要的化学成分。油脂是由1分子甘油和3分子高级脂肪酸形成的中性酯，又称为甘油三酯。

在甘油三酯中脂肪酸的相对分子质量占90%以上，甘油仅占10%，构成油脂的脂肪酸性质及脂肪酸与甘油的结合形式决定了油脂的物理状态和性质。

(1)单纯甘油三酯和混合甘油三酯

根据脂肪酸与甘油结合的形式不同，甘油三酯可分成单纯甘油三酯和混合甘油三酯。在甘油三酯分子中与甘油结合的脂肪酸均相同则称之为单纯甘油三酯；组成甘油三酯的3个脂肪酸不相同则称为混合甘油三酯。

(2)油和脂

构成油脂的脂肪酸主要有饱和脂肪酸和不饱和脂肪酸两大类，最常见的饱和脂肪酸有软脂酸、硬脂酸、花生酸等；甘油三酯中饱和脂肪酸含量较高时，在常温下呈固态而称之为脂。不饱和脂肪酸有油酸、亚油酸、亚麻酸、芥酸等。甘油三酯中不饱和脂肪酸含量较高时，在常温下呈液态而称之为油。

(3)碘价

油脂中脂肪酸的饱和程度常用碘价反映。碘价用每100 g油脂吸收碘的克数表示。碘价越高,油脂中脂肪酸不饱和程度越高。按碘价不同油脂分成3类:碘价<80为不干性油;碘价80～130为半干性油;碘价>130为干性油。植物油脂大部分为半干性油。

(4)酸价

纯净的油脂中不含游离脂肪酸,但油料未完全成熟及加工、贮存不当时,能引起油脂的分解而产生游离脂肪酸,游离脂肪酸使油脂的酸度增加从而降低油脂的品质。常用酸价反映油脂中游离脂肪酸的含量。酸价用中和1 g油脂中的游离脂肪酸所使用的氢氧化钾的毫克数。酸价越高,油脂中游离脂肪酸含量越高。

2.蛋白质

蛋白质是由氨基酸组成的高分子复杂化合物,根据蛋白质的分子形状可以将其分为线蛋白和球蛋白两种。油籽中的蛋白质基本上都是球蛋白,在油籽中,蛋白质主要存在于籽仁的凝胶部分。因此,蛋白质的性质对油料的加工影响很大。蛋白质除醇溶朊外都不溶于有机溶剂;蛋白质在加热、干燥、压力以及有机溶剂等作用下会发生变性;蛋白质可以和糖类发生作用,生成颜色很深的不溶于水的化合物,也可以和棉籽中的棉酚作用,生成结合棉酚;蛋白质在酸、碱或酶的作用下能发生水解作用,最后得到各种氨基酸。

3.磷脂

磷脂即磷酸甘油酯,简称磷脂。两种最主要的磷脂是磷脂酰胆碱(俗称卵磷脂)和磷脂酰乙醇氨(俗称脑磷脂)。

油料中的磷脂是一种营养价值很高的物质,其含量在不同的油料种子中各不相同。以大豆和棉籽中的磷脂含量最多。磷脂不溶于水,可溶于油脂和一些有机溶剂中;磷脂不溶于丙酮。磷脂有很强的吸水性,吸水膨胀形成胶体物质,从而在油脂中的溶解度大大降低。磷脂容易被氧化,在空气中或阳光下会变成褐色至黑色物质。在较高温度下,磷脂能与棉籽中的棉酚作用,生成黑色产物。磷脂还可以被碱皂化,可以被水解。另外,磷脂还具有乳化性和吸附作用。

4.色素

纯净的甘油三酯是无色的液体。但植物油脂带有色泽,有的毛油甚至颜色很深,这主要是各种脂溶性色素引起的。油籽的色素一般有叶绿素、类胡萝卜素、黄酮色素及花色苷等。油脂中的色素能够被活性白土或活性炭吸附除去,也可以在碱炼过程中被皂角吸附除去。

5.蜡

蜡是高分子的一元脂肪酸和一元醇结合而成的酯,主要存在于油籽的皮壳内,且含量很少。但米糠油中含蜡较多。蜡的主要性质是熔点较甘油三酯高,常温下是一种固态黏稠的物质。蜡能溶于油脂中，溶解度随温度升高而增大，在低温会从油脂中析出影响其外观，而且，蜡会使油脂的口感变劣，降低油脂的食用品质。

6. 糖类

糖类是含有醛基和酮基的多羟基的有机化合物，按照糖类的复杂程度可以将其分为单糖和多糖两类。糖类主要存在于油料种子的皮壳中，仁中含量很少。糖在高温下能与蛋白质等物质发生作用，生成颜色很深且不溶于水的化合物(美拉德反应)。在高温下糖的焦化作用会使其变黑并分解。

7. 维生素

植物油料含有多种维生素，但制取的油脂中主要有脂溶性的维生素 E，维生素 E 能防止油脂氧化酸败，增加植物油的贮藏稳定性。

二、植物油料的预处理

植物油料制油对油料的工艺性质具有一定的要求。因此制油前应对油料进行一系列的处理，使油料具有最佳的制油性能，以满足不同制油工艺的要求。通常在制油前对油料进行清理除杂、剥壳、破碎、软化、轧坯、膨化、蒸炒等工作统称为油料的预处理。

(一)油料的清理

1. 油料清理的目的和要求

油料清理是指利用各种清理设备去除油料中所含杂质的工序的总称。

植物油料中不可避免地夹带一些杂质，一般情况油料含杂质达 1%～6%，最高达 10%。混入油料中的绝大多数杂质在制油过程中会吸附一定数量的油脂而存在于饼粕内，造成油分损失，出油率降低。混入油料中的有机杂质会使油色加深或使油中沉淀物过多而影响油的品质，同时饼粕质量较差，影响饼粕资源的开发利用。混入油料的杂质，往往会造成生产设备效率下降，生产环境的粉尘飞扬，空气混浊。因此应采用各种清理设备将这些杂质清除减少油料油脂损失，提高出油率；提高油脂及饼粕的质量；提高设备的处理能力；保证设备安全工作；保证生产环境卫生。

清理后油料不得含有石块、铁杂、绳头、蒿草等大型杂质。油料中总杂质含量及杂质中含油料量应符合规定。花生、大豆含杂量不得超过 0.1%；棉籽、油菜籽、芝麻含杂量不得超过 0.5%；花生、大豆、棉籽清理下脚料中含油料量不得超过 0.5%，油菜籽、芝麻清理下脚料中含油料量不得超过 1.5%。

2. 油料清理的方法及机理

油料中杂质种类较多。油料与杂质在粒度、密度、表面特性、磁性及力学性质等物理性质上存在较大差异，根据油料与杂质在物理性质上的明显差异，可以选择小麦加工中常用的筛选、风选、磁选等方法除去各种杂质。对于棉籽脱绒、菜籽分离，可采用专用设备进行处理。选择清理设备应视原料含杂质情况，力求设备简单，流程简短，除杂效率高。

(二)油料的剥壳及仁壳分离

1.剥壳的目的

大多数油料都带有皮壳，除大豆、油菜籽、芝麻含壳率较低外，其他油料如棉籽、花生、葵花籽等含壳率均在20%以上。

含壳率高的油料必须进行脱壳处理，而含壳率低的油料仅在考虑其蛋白质利用时才进行脱皮处理。油料皮壳中含油率极低，制油时不仅不出油，反而会吸附油脂，造成出油率降低。剥壳后制油，能减少油脂损失，提高出油率。油料皮壳中色素、胶质和蜡含量较高。在制油过程中这些物质溶入毛油中，造成毛油色泽深，含蜡高，精炼处理困难。剥壳后制油，毛油质量好，精炼率高。油料带壳制油，体积大造成设备处理能力下降，皮壳坚硬造成设备磨损，影响轧坯的效果。

2.剥壳的方法

油料剥壳时根据油料皮壳性质、形状大小、仁皮结合情况的不同，采用不同的剥壳方法。

(1)摩擦搓碾法

摩擦搓碾法是借粗糙工作面的搓碾作用使油料壳破碎的。如圆盘剥壳机用于棉籽、花生的剥壳。

(2)撞击法

撞击法是借壁面或打板与油料之间的撞击作用使皮壳破碎的。如离心式剥壳机用于葵花籽、茶籽的剥壳。

(3)剪切法

剪切法是借锐利工作面的剪切作用使油料皮壳破碎的。如刀板剥壳机用于棉籽剥壳。

(4)挤压法

挤压法是借轧辊的挤压作用使油料皮壳破碎的。如轧辊剥壳机用于蓖麻籽剥壳。

(5)气流冲击法

气流冲击法是借助于高速气流将油料与壳碰撞，使油料皮壳破碎的。

油料剥壳时，应根据油料种类选择合适的剥壳方式，同时应考虑油料水分对剥壳的影响。油料含水量低，则皮壳脆性大，易破碎，但水分过低，使在剥壳过程中易产生粉末。

油料经剥壳机处理后，还需进行仁壳分离，仁壳分离的方法主要有筛选和风选两种。

(三)油料的破碎与软化

1. 破碎

破碎是在机械外力作用下将油料粒度变小的工序。对于大粒油料如大豆、花生仁破碎后粒度有利于轧粒操作，对于预榨饼经破碎后其粒度符合浸出和二次压榨的要求。

①对油料或预榨饼的破碎要求：破碎后粒度均匀，不出油，不成团，粉末少。对大豆、花生仁要求破碎成6～8瓣即可，预榨饼要求块粒长度控制在6～10 mm为好。

②为了使油料或预榨饼的破碎符合要求，必须正确掌握破碎时油料水分的含量。水分过低将增大粉末度，粉末过多，容易结团；水分过高，油料不容易破碎，易出油。

③破碎的设备种类较多，常用的有辊式破碎机、锤片式破碎机，此外也有利用圆盘剥壳机进行破碎的。

2. 软化

软化是调节油料的水分和温度，使油料可塑性增加的工序。对于直接浸出制油而言，软化也是调节油料入浸水分的主要工序。

软化的目的在于调节油料的水分和温度，改变其硬度和脆性，使之具有适宜的可塑性，为轧粒和蒸炒创造良好操作条件。对于含油率低的、水分含量低的油料，软化操作必不可少；对于含油率较高的花生、水分含量高的油菜籽等一般不予软化。

软化操作应视油料的种类和含水量，正确地掌握水分调节、温度及时间的控制。一般原料含水量少，软化时可多加些水，原料含水量高，则少加水；软化温度与原料含水量相互配合，才能达到理想的软化效果。一般水分含量高时，软化温度应低一些；反之软化温度应高一些。软化时间应保证油料吃透水汽，温度达到均匀一致。要求软化后的油料碎粒具有适宜的弹性、可塑性及均匀性。

(四)油料的轧坯

轧坯是利用机械的挤压力，将颗粒状油料轧成片状料坯的过程。经轧坯后制成的片状油料称为生坯，生坯经蒸炒后制成的料坯称为熟坯。

1. 轧坯的目的

轧坯的目的是通过轧辊的碾压和油料细胞之间的相互作用，使油料细胞壁破坏，同时使料坯成为片状，大大缩短了油脂从油料中排出的路程，从而提高了制油时出油速度和出油率。此外,蒸炒时片状料坯有利于水热的传递,从而加快蛋白质变性,细胞性质改变,提高蒸炒的效果。

2. 轧坯的要求

料坯厚薄均匀,大小适度,不露油,粉末度低,并具有一定的机械强度。

生坯厚度要求:大豆小于 0.3 mm,棉仁小于 0.4 mm,菜籽小于 0.35 mm,花生仁小于 0.5 mm。

粉末度要求:过 20 目筛的物质不超过 3%。

(五)油料生坯的挤压膨化

油料料坯的挤压膨化是利用挤压膨化设备将生坯制成膨化颗粒物料的过程。生坯经挤压膨化后可直接进行浸出取油。该工艺大有取代直接浸出和预榨浸出制油工艺的趋势。

1. 挤压膨化的目的

油料生坯经挤压膨化后,其容重增大,多孔性增加,油料细胞组织被彻底破坏,酶类被钝化。这使得膨化物料浸出时,溶剂对料层的渗透性和排泄性都大为改善,浸出溶剂比减小,浸出速率提高,混合油浓度增大,湿粕含溶降低,浸出设备和湿粕脱溶设备的产量增加,浸出毛油的品质提高,并能明显降低浸出生产的溶剂损耗以及蒸汽消耗。

2. 挤压膨化原理

油料生坯由喂料机送入挤压膨化机,在挤压膨化机内,料坯被螺旋轴向前推进的同时受到强烈的挤压作用,使物料密度不断增大,并由于物料与螺旋轴和机膛内壁的摩擦发热以及蒸汽的直接注入,使物料受到剪切、混合、高温、高压联合作用,油料细胞组织被较彻底地破坏,蛋白质变性,酶类钝化,容重增大,游离的油脂聚集在膨化料粒的内外表面。物料被挤出膨化机的模孔时,压力骤然降低,造成水分在物料组织结构中迅速汽化,物料受到强烈的膨胀作用,形成内部多孔、组织疏松的膨化料。物料从膨化机末端的模孔中挤出,并立即被切割成颗粒物料。

(六)油料的蒸炒

油料的蒸炒是指生坯经过湿润、加热、蒸坯、炒坯等处理,成为熟坯的过程。

1. 蒸炒的目的与要求

(1)蒸炒的目的

蒸炒的目的在于使油脂凝聚,为提高油料出油率创造条件;调整料坯的组织结构,借助水分和温度的作用,使料坯的可塑性、弹性符合入榨要求;改善毛油品质,降低毛油精炼的负担。

①蒸炒可使分散的游离态油脂聚集，蛋白质凝固变性，油脂黏度、表面张力降低。因此，蒸炒促进了油脂的凝聚，有利于油脂流动，为提高出油率提供了保证。

②蒸炒可使油料内部结构发生改变，其可塑性、弹性得到适当的调整，这一点对压榨制油至关重要。

③蒸炒可改善油脂的品质。蒸炒可使磷脂、蛋白质、棉酚等相互结合，降低这些物质在油脂中溶解度，对提高油脂质量极为有利。

④料坯中部分蛋白质、糖类、磷脂等在蒸炒过程中，会和油脂发生结合或络合反应，产生褐色或黑色物质，会使油脂色泽加深。

(2)蒸炒的要求

蒸炒后的熟坯应生熟均匀，内外一致，熟坯水分、温度及结构性满足制油要求。以湿润蒸炒为例：蒸炒采用高水分蒸炒、低水分压榨、高温入榨、保证足够的蒸炒时间等措施，从而保证蒸炒达到预定的目的。

2.蒸炒的方法

蒸炒方法按制油方法和设备的不同，一般分为两种。

(1)湿润蒸炒

湿润蒸炒是指生坯先经湿润，水分达到要求，然后进行蒸坯、炒坯，使料坯水分、温度及结构性能满足压榨或浸出制油的要求。湿润蒸炒按湿润后料坯水分不同又分为一般湿润蒸炒和高水分蒸炒。一般湿润蒸炒中，料坯湿润后水分一般不超过13%～14%，适用于浸出法制油以及压榨法制油。高水分蒸炒中，料坯湿润后水分一般可高达16%，仅适用于压榨法制油。

(2)加热蒸坯

加热蒸坯是指生坯先经加热或干蒸坯，然后再用蒸汽蒸炒，是采用加热与蒸坯结合的蒸炒方法。主要应用于人力螺旋压榨制油、液压式水压机制油、土法制油等小型油脂加工厂。

三、机械压榨法制油

机械压榨法制油就是借助机械外力把油脂从料坯中挤压出来的过程。其工艺简单，配套设备少，对油料品种适应性强，生产灵活，油品质量好，色泽浅，风味纯正。但压榨后的饼残油量高，出油效率较低，动力消耗大，零件易损耗。

(一)榨油设备

目前压榨设备主要有两大类：间隙式生产的液压式榨油机和连续式生产的螺旋榨油机。油料品种繁多，要求压榨设备在结构设计中尽可能满足多方面的要求，同时，榨油设备应具有生产能力大、出油效率高、操作维护方便、一机多用、动力消耗少等特点。

1. 液压式榨油机

液压式榨油机是利用液体传送压力的原理，使油料在饼圈内受到挤压，将油脂取出的一种间隙式压榨设备。该机结构简单，操作方便，动力消耗小，油饼质量好，能够加工多种油料，适用于油料品种多、数量又不大地区的小型油厂，进行零星分散油料的加工。但其劳动强度大，工艺条件严格，已逐渐被连续式压榨设备所取代。

2. 螺旋榨油机

螺旋榨油机是国际上普遍采用的较先进的连续式榨油设备。其工作原理是：旋转着的螺旋轴在榨膛内的推进作用，使榨料连续地向前推进，同时由于榨料螺旋导程的缩短或根圆直径增大，使榨膛空间体积不断缩小而产生压力，把榨料压缩，并把料坯中的油分挤压出来，油分从榨笼缝隙中流出。同时将残渣压成饼块，从榨轴末端不断排出。

螺旋榨油机取油的特点是：连续化生产，单机处理量大，劳动强度低，出油效率高，饼薄易粉碎，有利于综合利用，故应用十分广泛。

（二）影响压榨制油效果的因素

1. 榨料结构性质对出油效果的影响

榨料结构性质主要取决于油料本身的成分和预处理效果。

（1）预处理效果

榨料颗粒大小应适当利于出油，榨料中被破坏细胞的数量愈多越有利于出油，但如粒子过细，会增大流油阻力，甚至堵塞油路，颗粒细会使榨料塑性加大，不利于压力的提高。

榨料要有适当的水分，流动性要好。榨料要有必要的温度，尽量降低榨料中油脂黏度与表面张力，以确保油脂在压榨全过程中保持良好的流动性。

榨料粒子具有足够的可塑性，塑性低，榨料流动性大，不易建立压力，压榨时会出现“挤出”现象，增加不必要的回料。塑性高，早成型，提前出油，易成坚饼而不利于出油，而且油质也差。

（2）榨料本身的性质

榨料性质包括凝胶部分和油脂的存在形式、数量以及可分离程度等。榨料性质的影响因素有水分、温度以及蛋白质变性等。

不同的榨料要求有适宜的水分含量、适宜的温度条件、恰当的蛋白质变性程度才能保证压榨法取油的正常顺利。

2. 压榨条件对出油效果的影响

压榨条件即工艺参数（压力、时间、温度、料层厚度、排油阻力等）是提高出油效率的决定因素。

(1)榨膛内的压力

对榨料施加的压力必须合理,压力变化必须与排油速度一致,即做到“流油不断”,长期实践中总结的施压方法——“先轻后重、轻压勤压”是行之有效的。

(2)压榨时间

压榨时间是影响榨油机生产能力和排油深度的重要因素。通常认为,压榨时间长,出油率高。然而,压榨时间过长,会造成不必要的热量散失,对出油率的提高不利,还会影响设备处理量。

(3)温度的影响

温度的变化将直接影响榨料的可塑性及油脂黏度,进而影响压榨取油效率,关系到榨出油脂和饼粕的质量。若压榨时榨膛温度过高,将导致饼色加深甚至发焦,饼中残油率增加,以及榨出油脂的色泽加深。用冷的、不加热的榨油机压榨,不可能得到成型的硬的压榨饼和榨出最多的油脂。合适的压榨温度范围,通常是指榨料入榨温度为100～135℃。不同的压榨方式及不同的油料有不同的温度要求。

四、溶剂浸出法制油

浸出法制油就是用溶剂将含有油脂的油料料坯进行浸泡或淋洗,使料坯中的油脂被萃取溶解在溶剂中,经过滤得到含有溶剂和油脂的混合油。加热混合油,使溶剂挥发并与油脂分离得到毛油,毛油经水化、碱炼、脱色等精炼工序处理,成为符合国家标准的食用油脂。挥发出来的溶剂气体,经过冷却回收,循环使用。

浸出法优点是出油率高。采用浸出法制油,粕中残油可控制在1%以下,出油率明显提高,粕的质量好。由于溶剂对油脂有很强的浸出能力,浸出法取油完全可以不进行高温加工而取出其中的油脂,使大量水溶性蛋白质得到保护,饼粕可以用来制取植物蛋白。加工成本低,劳动强度小。

其缺点是一次性投资较大;浸出溶剂一般为易燃、易爆和有毒的物质,生产安全性差,此外,浸出制得的毛油含有非脂成分数量较多,色泽深,质量较差。

(一)浸出溶剂

1.浸出法制油对溶剂的要求

(1)对油脂有较强的溶解能力

在室温或稍高于室温的条件下,能以任何比例很好地溶解油脂,对油料中的其他成分,溶解能力要尽可能地小,甚至不溶。这样就能一方面把油料中的油脂尽可能多地提取出来,另一方面使混合油中少溶甚至不溶解其他杂质,提高毛油质量。

(2)既要容易气化,又要容易冷凝回收

为了容易脱除混合油和湿粕中的溶剂,使毛油和成品粕不带异味,要求溶剂容易气化,也就是溶剂的沸点要低,气化潜热要小。但又要考虑在脱除混合油和湿粕的溶剂时产生的溶剂蒸气容易冷凝回收,要求沸点不能太低,否则会增加溶剂损耗,实践证明,溶剂的沸点在65～70℃范围内比较合适。

(3)具有较强的化学稳定性

溶剂在生产过程中是循环使用的,反复不断地被加热、冷却。一方面要求溶剂本身物理、化学性质稳定,不起变化;另一方面要求溶剂不与油脂和粕中的成分发生化学变化,更不允许产生有毒物质;另外对设备不产生腐蚀作用。

(4)在水中的溶解度小

在生产过程中,溶剂不可避免要与水接触,油料本身也含有水。要求溶剂与水互不相溶,便于溶剂与水分离,减少溶剂损耗,节约能源。安全性溶剂在使用过程中不易燃烧,不易爆炸,对人畜无毒。在生产中,往往因设备、管道密闭不严和操作不当,会使液态和气态溶剂泄漏出来。因此,应选择闪点高、不含毒性成分的溶剂。

2.常用的浸出溶剂

我国目前普遍采用的“6号溶剂油”俗称浸出轻汽油。轻汽油是石油原油的低沸点分馏物,为多种碳氢化合物的混合物,没有固定的沸点,通常只有一个沸点范围(馏程)。

6号溶剂油对油脂的溶解能力强,在室温条件下可以任何比例与油脂互溶;对油中胶状物、氧化物及其他非脂肪物质的溶解能力较小,因此浸出的毛油比较纯净。6号溶剂油物理、化学性质稳定,对设备腐蚀性小,不产生有毒物质,与水不互溶,沸点较低易回收,来源充足,价格低,能满足大规模工业生产的需要。

6号溶剂油最大缺点是容易燃烧爆炸,并对人体有害,损伤神经。6号溶剂油的蒸气与空气混合能形成爆炸气体;轻汽油蒸气易积聚在地面及低洼处,造成局部溶剂蒸气含量超标;溶剂蒸气对人的中枢神经系统有毒害作用,所以工作场所每升空气中的溶剂油气体的含量不得超过0.3 mg,并注意工作场所中低洼地方的空气流通。另外,6号溶剂油的沸点范围较宽,在生产过程中沸点过高和过低的组分不易回收,造成生产过程中溶剂的损耗增大。

在国外,丙烷作为浸出溶剂已成功地应用于植物油脂的工业化生产。美国FDA规定,2000年以后己烷和轻汽油不能用做浸出溶剂。所以,用丙烷或丁烷作为浸出溶剂是浸出法制油的发展方向。

(二)浸出制油的工艺类型

1. 直接浸出

油料经一次浸出，浸出其中的油脂之后，油料中残留的油脂量就可以达到极低值，这种取油方式称为直接浸出取油。该取油方法常限于加工大豆等含油量在20%左右的油料。

2. 预榨浸出

对一些含油量在30%～50%的高油料加工，若采用直接浸出取油，粕中残留油脂量偏高。为此，在浸出取油之前，先采用压榨取油，提取油料内85%～89%的油脂，并将产生的饼粉碎成一定粒度后，再进行浸出法取油。这种方法称作预榨浸出。棉籽、菜籽、花生、葵花籽等高油料，均采用此法加工。预榨浸出不仅提高出油率而且制取的毛油质量高，同时提高了浸出设备的生产能力。

(三)油脂浸出方式

按溶剂与油料的混合方式，可分为浸泡式、喷淋式、混合式三种。

1. 浸泡式

油料浸泡在溶剂之中，完成油脂溶解出来的过程。

2. 喷淋式

溶剂喷洒到油料料床上，溶剂在油料间往往是非连续的滴状流动，完成浸出过程。

3. 混合式

溶剂与油料接触过程中，既有浸泡式，又有喷淋式，两种方式同在一个设备内进行，这种浸出方式称混合式。

目前国内使用的罐组式浸出器、U形拖链式和Y形浸出器均属浸泡式；履带式浸出器是典型的喷淋式浸出器；平转、环形浸出器均属混合式浸出器。

(四)浸出法制油的工艺

浸出法制油工艺一般包括预处理、油脂浸出、湿粕脱溶、混合油蒸发和气提、溶剂回收等工序。

1. 油脂浸出

经预处理后的料坯送入浸出设备完成油脂萃取分离的任务，经油脂浸出工序分别获得混合油和湿粕。

2. 湿粕脱溶

从浸出设备排出的湿粕，一般含有25%～35%的溶剂。必须进行脱溶处理，才能获得合格的成品粕。

湿粕脱溶通常采用加热解吸的方法，使溶剂受热气化与粕分离，一般采用间接蒸气加热，同时结合直接蒸气负压搅拌等措施，促进湿粕脱溶。经过处理后，粕中水分不超过 8.0％～9.0％，残留溶剂量不超过 0.07％。

3.混合油蒸发和气提

从浸出设备排出的混合油是由溶剂、油脂、非油物质等组成，经蒸发、气提，从混合油中分离出溶剂而获得浸出毛油。

混合油蒸发是利用油脂与溶剂的沸点不同，将混合油加热至沸点温度，使溶剂气化与油脂分离。混合油沸点随混合油浓度增加而提高，相同浓度的混合油沸点随蒸发操作压力降低而降低。混合油蒸发一般采用二次蒸发法。第一次蒸发使混合油质量分数由 20％～25％提高到 60％～70％，第二次蒸发使混合油质量分数达到 90％～95％。

混合油气提是指混合油的水蒸气蒸馏。混合油气提能使高浓度混合油的沸点降低，从而使混合油中残留的少量溶剂在较低温度下尽可能完全地被脱除。混合油气提在负压条件下进行油脂脱溶，对毛油品质更为有利。

4.溶剂回收

溶剂回收直接关系到生产的成本、毛油和粕的质量，生产中应对溶剂进行有效的回收，并进行循环使用。油脂浸出生产过程中的溶剂回收包括溶剂气体冷凝和冷却、溶剂和水分离、废水中溶剂回收、废气中溶剂回收等。

（五）影响浸出法制油的主要因素

在浸出过程中，有许多因素影响浸出速率，主要影响因素包括 6 个方面。

1.料坯和预榨饼的性质

料坯和预榨饼的性质主要取决于料坯的结构和料坯入浸水分。

料坯结构应具有均匀一致性，料坯的细胞组织应最大限度地被破坏且具有较大的孔隙度，以保证油脂向溶剂中迅速地扩散。料坯应该具有必要的机械性能，容重和粉末度小，外部多孔性好，以保证混合油和溶剂在料层中良好的渗透性和排泄性，提高浸出速率和减少湿粕含溶剂量。

料坯的水分应适当。料坯入浸水分太高会使溶剂对油脂的溶解度降低，溶剂对料层的渗透发生困难，同时会使料坯或预榨饼在浸出器内结块膨胀，造成浸出后出粕的困难。料坯入浸水分太低，会影响料坯的结构强度，从而产生过多的粉末，同样削弱了溶剂对料层的渗透性，而增加了混合油的含粕沫量。物料最佳的入浸水分量取决于被加工原料的特性和浸出设备的形式。一般认为料坯入浸水分低一些为好。

2. 浸出的温度

浸出温度对浸出速度有很大的影响。提高浸出温度，可以促进扩散作用，分子热运动增强，油脂和溶剂的黏度减小，因而提高了浸出速度。但若浸出温度过高，会造成浸出器内汽化溶剂量增多，油脂浸出困难，压力增高，生产中的溶剂损耗增大，同时浸出毛油中非油物质的量增多。一般浸出温度控制在低于溶剂馏程初沸点5℃左右，如用浸出轻汽油做溶剂，浸出温度为55℃左右。若有条件的话，也可在接近溶剂沸点温度下浸出，以提高浸出速度。

3. 浸出时间

根据油脂与物料结合的形式，浸出过程在时间上可以划分为两个阶段。第一阶段提取位于料坯内外表面的游离油脂，第二阶段提取未破坏细胞和结合态的油脂。浸出时间应保证油脂分子有足够的时间扩散到溶剂中去。但随着浸出时间的延长，粕残油的降低已很缓慢，而且浸出毛油中非油物质的含量增加，浸出设备的处理量也相应减小。因此，过长的浸出时间是不经济的。在实际生产中，应在保证粕残油量达到指标的情况下，尽量缩短浸出时间，一般为90～120 min。在料坯性能和其他操作条件理想的情况下，浸出时间可以缩短为60 min左右。

4. 料层高度

料层高度对浸出设备的利用率及浸出效果都有影响。一般来说，对同一套而言，料层提高，浸出设备的生产能力提高，同时料层对混合油的自过滤作用也好，混合油中含粕沫量减少，混合油浓度也较高。但料层太高，溶剂和混合油的渗透、滴干性能会受到影响。高料层浸出要求料坯的机械强度要高，不易粉碎，且可压缩性小。应在保证良好效果的前提下，尽量提高料层高度。

5. 溶剂比和混合油浓度的影响

浸出溶剂比是指使用的溶剂与所浸出的料坯质量之比。一般来说，溶剂比愈大，浓度差愈大，对提高浸出速率和降低粕残油愈有利，但混合油浓度会随之降低。混合油浓度太低，增大溶剂回收工序的工作量。溶剂比太小，又达不到或部分达不到浸出效果，而使干粕中的残油量增加。因此，要控制适当的溶剂比，以保证足够的浓度差和一定的粕中残油率。

对于一般的料坯浸出，溶剂比多选用(0.8～1)∶1。混合油质量分数要求达到18%～25%。对于料坯的膨化浸出，溶剂比可以降低为(0.5～0.6)∶1，混合油浓度可以更高。

6. 沥干时间和湿粕含溶剂量

料胚经浸出后，尚有一部分溶剂（或稀混合油）残留在湿粕中，须经蒸烘将这部分溶剂回收。为了减轻蒸烘设备的负荷，往往在浸出器内要留有一定的时间使溶剂（或稀混合油）尽可能地与粕分离，这种使溶剂与粕分离所需的时间，称为沥干时间。生产中，在尽量减少湿粕含溶剂量的前提下，尽量缩短沥干时间。沥干时间就依浸出所用原料而定，一般为 15～25 min。

五、超临界流体萃取法制油

超临界流体萃取技术是用超临界状态下的流体作为溶剂对油料中油脂进行萃取分离的技术。

(一)超临界流体

1. 临界点

一般物质，当液相和气相在常压下平衡时，两相的物理特性如密度、黏度等差异显著。但随着压力升高，这种差异逐渐缩小。当达到某一温度 To（临界温度）和压力 Pc（临界压力）时，两相的差别消失，合为一相，这一点就称为临界点。

2. 超临界流体

在临界点附近，压力和温度的微小变化都会引起气体密度的很大变化。随着向超临界气体加压，气体密度增大，逐渐达到液态性质，这种状态的流体称为超临界流体。

3. 性质

超临界流体具有介于液体和气体之间的物化性质，其相对接近液体的密度使它有较高的溶解度，而其相对接近气体的黏度又使它有较高的流动性能，扩散系数介于液体和气体之间，因此其对所需萃取的物质组织有较佳的渗透性。这些性质使溶质进入超临界流体较进入平常液体有较高的传质速率。将温度和压力进行适宜变化时，可使其溶解度在 100～1 000 倍的范围内变化。

一般地讲，超临界流体的密度越大，其溶解力就越强；反之亦然。也就是说，超临界流体中物质的溶解度在恒温下随压力 P（$P>Pc$ 时）升高而增大，而在恒压下，其溶解度随温度 T（$T>Tc$ 时）增高而下降。这一特性有利于从物质中萃取某些易溶解的成分，而超临界流体的高流动性和扩散能力则有助于所溶解的各成分之间的分离，并能加速溶解平衡，提高萃取效率。通过调节超临界流体的压力和温度来进行选择性萃取。

(二)油脂工业开发应用超临界二氧化碳作为萃取剂

二氧化碳超临界流体萃取技术有如下优点。

①二氧化碳超临界流体萃取可以在较低温度和无氧条件下操作，保证了油脂和饼粕的质量。

②二氧化碳对人体无毒性，且易除去，不会造成污染，食用安全性高。

③采用二氧化碳超临界流体分离技术，整个加工过程中，原料不发生相变，有明显的节能效果。二氧化碳超临界流体萃取分离效率高。

④二氧化碳超临界流体具有良好的渗透性、溶解性和极高的萃取选择性。通过调节温度、压力，可以进行选择性提取。

⑤二氧化碳成本低，不燃，无爆炸性，方便易得。

(三)超临界流体萃取工艺

超临界流体萃取工艺主要由超临界流体萃取溶质和被萃取的溶质与超临界流体分离两部分组成。根据分离过程中萃取剂与溶质分离方式的不同，超临界流体萃取可分为三种加工工艺形式。

1.恒压萃取法

从萃取器出来的萃取相在等压条件下，加热升温，进入分离器溶质分离。溶剂经冷却后回到萃取器循环使用。

2.恒温萃取法

从萃取器出来的萃取相在等温条件下减压、膨胀，进入分离器溶质分离，溶剂经调压装置加压后再回到萃取器中。

3.吸附萃取法

从萃取器出来的萃取相在等温等压条件下进入分离器，萃取相中的溶质由分离器中吸附剂吸附，溶剂再回到萃取器中循环使用。

六、水溶剂法制油

水溶剂法制油是根据油料特性，水、油物理化学性质的差异，以水为溶剂，采取一些加工技术将油脂提取出来的制油方法。根据制油原理及加工工艺的不同，水溶剂法制油有水代法制油和水剂法制油两种。

(一)水代法制油

1.水代法制油的特点

水代法制油是利用油料中非油成分对水和油的亲和力不同以及油水之间的密度差，经过一系列工艺过程，将油脂和亲水性的蛋白质、碳水化合物等分开。水代法制油主要运用于传统的小磨麻油的生产。芝麻种子的细胞中除含有油分外，还含有蛋白质、磷脂等，它们相互结合成胶状物，经过炒籽，使可溶性蛋白质变性，成为不可溶性蛋白质。当加水于炒熟磨细的芝麻酱中时，经过适当的搅动，水逐步渗入到麻酱之中，油脂就被代替出来。

2. 芝麻水代法制油工艺

(1)筛选清除

芝麻中的杂质，如泥土、砂石、铁屑等杂质及杂草籽和不成熟芝麻粒等。筛选愈干净愈好。

(2)漂洗

用水清除芝麻中的并肩泥、微小的杂质和灰尘。将芝麻漂洗浸泡 1～2 h，浸泡后的芝麻含水量为 25%～30%。将芝麻沥干，再入锅炒籽。浸泡有利于细胞破裂。芝麻经漂洗浸泡，水分渗透到完整细胞的内部，使凝胶体膨胀起来，再经加热炒籽，就可使细胞破裂，油体原生质流出。

(3)炒籽

采用直接火炒籽。开始用大火，此时芝麻含水量大，不会焦糊；炒至 20 min 左右，芝麻外表鼓起来，改用文火炒，用人力或机械搅拌，使芝麻熟得均匀。炒熟后，往锅内泼炒籽量 3%左右的冷水，再炒 1 min，芝麻出烟后出锅。

泼水的作用是使温度突然下降，让芝麻组织酥散，有利于磨酱，同时也使锅烟随水蒸气上扬。

炒好的芝麻用手捻即出油，呈咖啡色，牙咬芝麻有酥脆均匀、生熟一致的感觉。

炒籽的作用：使蛋白质变性，有利于油脂取出。芝麻炒到接近 200℃时，蛋白质基本完全变性，中性油脂含量最高；超过 200℃烧焦后，部分中性油溢出，油脂含量降低。此外，在对浆搅油时，焦皮可能吸收部分中性油，所以芝麻炒得过老则出油率降低。炒籽生成香味物质，只有高温炒的芝麻才有香味。高温炒籽后制出的油，如不再加高温，就能保留住浓郁的香味。这就是水代法取油工艺的主要特点之一。

(4)扬烟吹净

出锅的芝麻要立即降低温度，扬去烟尘、焦末和碎皮。焦末和碎皮在后续工艺中会影响油和渣的分离，降低出油率。出锅芝麻如不及时扬烟降温，可能产生焦味，影响香油的气味和色泽。

(5)磨酱

将炒酥吹净的芝麻用石磨或金刚砂轮磨浆机磨成芝麻酱。芝麻酱磨得愈细愈好。把芝麻酱点在拇指指甲上，用嘴把它轻轻吹开，以指甲上不留明显的小颗粒为合格。磨酱时添料要匀，严禁空磨，随炒随磨，熟芝麻的温度应保持在 65～75℃，温度过低易回潮，磨不细。石磨转速以 30 r/min 为宜。

磨酱要求愈细愈好，这有两个目的：一是使油料细胞充分破裂，以便尽量取出油脂；二是在对浆搅油时使水分均匀地渗入麻酱内部，油脂被完全取代。

(6)对浆搅油

用人力或离心泵将麻酱泵入搅油锅中，麻酱温度不能低于 40℃，分 4 次加入相当于麻酱重 80%～100%的沸水。

第一次加总用水量的 60%，搅拌 40～50 min，转速 30 r/min。搅拌开始时麻酱很快变稠，难以翻动，除机械搅拌外，需用人力帮助搅拌，否则容易结块，吃水不匀。搅拌时温度不低于 70℃。到后来，稠度逐渐变小，油、水、渣三者混合均匀，40 min后有微小颗粒出现，外面包有极微量的油。

第二次加总用水量的 20%，搅拌 40～50 min，仍需人力助拌，温度约为 60℃，此时颗粒逐渐变大，外部的油增多，部分油开始浮出。

第三次约加总加水量的 15%，仍需人力助拌约 15 min，这时油大部分浮到表面，底部浆呈蜂窝状，流动困难，温度保持在 50℃左右。

第四次加水(俗称"定浆")需凭经验调节到适宜的程度，降低搅拌速度到 10 r/min，不需人力助拌，搅拌 1 h 左右，又有油脂浮到表面，此时开始"撇油"。撇去大部分油脂后，最后还应保持 7～9 mm 厚的油层。

(7)振荡分油、撇油

振荡分油(俗称"墩油")就是利用振荡法将油尽量分离提取出来。工具是两个空心金属球体(葫芦)，一个挂在锅中间，浸入油浆，约及葫芦的 2/3；另一个挂在锅边，浸入油浆，约及葫芦的 1/2。锅体转速 10 r/min，葫芦不转，仅做上下击动，迫使包在麻渣内的油珠挤出升至油层表面，此时称为深墩。约 50 min 后进行第二次撇油，再深墩 50 min 后进行第三次撇油。深墩后将葫芦适当向上提起，浅墩约 1 h，撇完第四次油，即将麻渣放出。撇油多少根据气温不同而有差别。夏季宜多撇少留，冬季宜少撇多留，借以保温。当油撇完之后，麻渣温度在 40℃左右。

(二)水剂法制油

水剂法制油是利用油料蛋白(以球蛋白为主)溶于稀碱水溶液或稀盐水溶液的特性，借助水的作用，把油、蛋白质及碳水化合物分开。其特点是以水为溶剂，食品安全性好，无有机溶剂浸提的易燃、易爆之虑。能够在制取高品质油脂的同时，获得变性程度较小的蛋白粉以及淀粉渣等产品。

水剂法提取的油脂颜色浅，酸价低，品质好，无需精炼即可作为食用油。与浸出法制油相比，水剂法制油的出油率稍低，与压榨法制油相比，水剂法制油的工艺路线长。

七、油脂的精炼

(一)毛油中的杂质种类

经压榨或浸出法得到的、未经精炼的植物油脂一般称之为毛油(粗油)。毛油的主要成分是混合脂肪酸甘油三酯,俗称中性油。此外,还含有数量不等的各类非甘油三酯成分,统称为油脂的杂质。油脂的杂质一般分为五大类。

1. 机械杂质

机械杂质是指在制油或贮存过程中混入油中的泥沙、料坯粉末、饼渣、纤维、草屑及其他固态杂质。这类杂质不溶于油脂,故可以采用过滤、沉降等方法除去。

2. 水分

水分杂质的存在,使油脂颜色较深,产生异味,促进酸败,降低油脂的品质及使用价值,不利于其安全贮存,工业上常采用常压或减压加热法除去。

3. 胶溶性杂质

这类杂质以极小的微粒状态分散在油中,与油一起形成胶体溶液,主要包括磷脂、蛋白质、糖类、树脂和黏液物等,其中最主要的是磷脂。磷脂是一类营养价值较高的物质,但混入油中会使油色变深暗、浑浊。磷脂遇热(280℃)会焦化发苦,吸收水分促使油脂酸败,影响油品的质量和利用。

胶溶性杂质易受水分、温度及电解质的影响而改变其在油中的存在状态,生产中常采用水化、加入电解质进行酸炼或碱炼的方法将其从油中除去。

4. 脂溶性杂质

主要有游离脂肪酸、色素、甾醇、生育酚、烃类、蜡、酮,还有微量金属和由于环境污染带来的有机磷、汞、多环芳烃、曲霉毒素等。

油脂中游离脂肪酸的存在,会影响油品的风味和食用价值,促使油脂酸败。生产上常采用碱炼、蒸馏的方法将其从油脂中除去。

色素会使油脂颜色较深,影响油的外观,可采用吸附脱色的方法将其从油中除去。某些油脂中还含有一些特殊成分,如棉籽油中含棉酚,菜籽油中含芥子甙分解产物等,它们不仅影响油品质量,还危害人体健康,也须在精炼过程中除去。

5. 微量杂质

这类杂质主要包括微量金属、农药、多环芳烃、黄曲霉毒素等,虽然它们在油中的含量极微,但对人体有一定毒性,因此须从油中除去。

油脂中的杂质并非对人体都有害,如生育酚和甾醇都是营养价值很高的物质。生育酚是合成生理激素的母体,有延迟人体细胞衰老、保持青春等作用,它还是很好的天然抗氧化剂。甾醇在光的作用下能合成维生素 D_3。因此，油脂精炼的目的是根据不同的用途与要求，除去油脂中的有害成分，并尽量减少中性油和有益成分的损失。

（二）毛油中机械杂质的去除

1. 沉降法

凡利用油和杂质之间的密度不同并借助重力将它们自然分开的方法称为沉降法。所用设备简单，凡能存油的容器均可利用。但这种方法沉降时间长，效率低，生产实践中已很少采用。

2. 过滤法

借助重力、压力、真空或离心力的作用，在一定温度条件下使用滤布过滤的方法统称为过滤法。油能通过滤布而杂质留存在滤布表面从而达到分离的目的。

3. 离心分离法

凡利用离心力的作用进行过滤分离或沉降分离油渣的方法称离心分离法，离心分离效果好，生产连续化，处理能力大，而且滤渣中含油少，但设备成本较高。

（三）脱胶

脱除油中胶体杂质的工艺过程称为脱胶，而粗油中的胶体杂质以磷脂为主，故油厂常将脱胶称为脱磷。脱胶的方法有水化法、加热法、加酸法以及吸附法等。

1. 水化法脱胶

水化法脱胶是利用磷脂等类脂物分子中含有的亲水基，将一定数量的热水或稀的酸、碱、盐及其他电解质水溶液加到油脂中，使胶体杂质吸水膨胀并凝聚，从油中沉降析出而与油脂分离的一种精炼方法，沉淀出来的胶质称为油脚。

2. 影响脱胶效果的因素

（1）加水量

在有适量水的情况下，才能形成稳定的水化脂质双分子层结构，坚实如凝胶颗粒。

（2）操作温度

操作温度是影响水化脱胶效果好坏的重要因素之一，它与加水量互相配合，相辅相成。水化时，磷脂等胶体吸水膨胀为胶粒之后，胶粒分散相在诸因素影响之下开始凝聚时的温度，称为凝聚的临界温度。加水量越大，胶体颗粒越大，要求的凝聚临界温度亦愈高。

（3）混合强度

由于水比油重，油水不相溶，水化作用发生在油相和水相的界面上，因此水化开始时，必须有较高的混合强度，造成水有足够高的分散度，使水化均匀而完全，但也要防止乳化。

(4)电解质的作用

对于胶质物中分子结构对称而不亲水的部分β-磷脂，钙、镁复盐式磷脂等物质，同水发生水合作用而成为被水包围着的水膜颗粒，具有较大的电斥性，导致水化时不易凝聚。对这类分散相胶粒，应添加食盐、明矾、硅酸钠、磷酸、氢氧化钠等电解质或电解质的稀溶液，中和电荷，促进凝聚。如间歇水化，常加食盐或食盐的热水溶液，加盐量为油量的0.5%～1%，并且往往在乳化时才加入磷酸三钠，约为油量的0.3%；选用明矾和食盐，其量则各占油量的0.05%。连续脱胶常按油量的0.05%～0.2%添加磷酸(85%)，这样可以大大提高脱胶效果。

(5)粗油的质量

粗油本身含水量过大，难以准确确定加水量，水化效果难以控制。粗油含饼末量过多，一定要过滤后再进行水化，否则因机械杂质含量过多，会导致乳化或油脚含中性油脂过高。

3. 水化脱胶工艺

(1)水化脱胶工艺流程

水化脱胶工艺流程如图6-1所示。

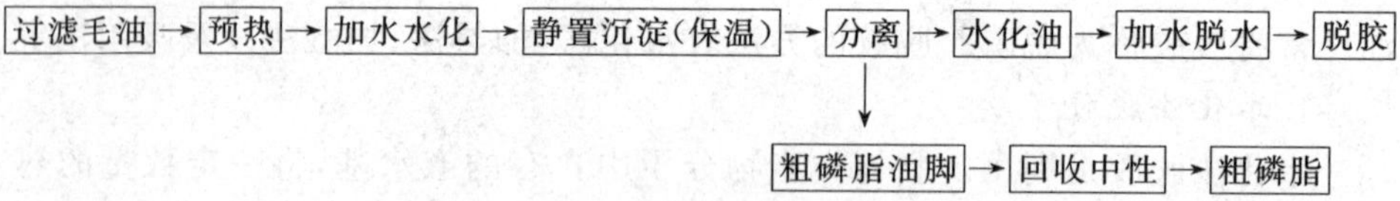

图6-1 水化脱胶工艺流程图

(2)加酸脱胶

加酸脱胶就是在毛油中加一定量的无机酸或有机酸，使油中的非亲水性磷脂转化为亲水性磷脂或使油中的胶质结构变得紧密，达到容易沉淀和分离的目的的一种脱胶方法。生产上常用磷酸脱胶。

磷酸脱胶是在毛油中加入磷酸后能将非亲水性磷脂转变为亲水性磷脂，从而易于沉降分离。操作过程是添加油量的0.1%～1%的85%磷酸，在60～80℃下充分搅拌。接触时间视设备条件和生产方式而定。然后将混合液送入离心机进行分离脱除胶质。

(四)脱酸

1. 碱炼法

碱炼法脱酸是利用加碱中和油脂中的游离脂肪酸，生成脂肪酸盐(肥皂)和水，肥皂吸附部分杂质而从油中沉降分离的一种精炼方法。形成的沉淀物称皂脚。用于中和游离脂肪酸的碱有氢氧化钠(烧碱)、碳酸钠(纯碱)和氢氧化钙等。

2. 碱炼脱酸的作用

烧碱能中和粗油中绝大部分的游离脂肪酸，生成的脂钠盐(钠皂)在油中不易溶解，成为絮凝胶状物而沉降；中和生成的钠皂为一表面活性物质，吸附和吸收能力强，可将相当数量的其他杂质(如蛋白质、黏液物、色素等含有磷脂及带有羟基或酚基的物质)带入沉降物内，甚至悬浮杂质也可被絮状皂团挟带下来。因此，碱炼本身具有脱酸、脱胶、脱杂质和脱色等综合作用。

3. 影响碱炼的因素

(1)中和碱及其用量

油脂脱酸可供应用的中和剂较多，在工业生产应用最广的是烧碱。碱炼时，耗用的总碱量包括两个部分：一部分是游离脂肪酸的碱量，通常称为理论碱量，可通过计算求得；另一部分则是为了满足工艺要求而额外添加的碱，称之为超量碱。

理论碱量：理论碱量可按粗油的酸值或游离脂肪酸的百分含量计算。当粗油的游离脂肪酸以酸值表示时，则中和所需理论碱量为：

理论碱量＝0.731×酸价值。

酸价值一般以每吨油中含有烧碱的质量(以 kg 为单位)表示。

超碱量：对于间歇式碱炼常以纯氢氧化钠占粗油量的百分数表示，选择范围一般为 0.05%～0.25%，质量特劣的粗油可控制在 0.5%以内。对于连续式的碱炼工艺，超量碱则以占理论碱的百分数表示，选择范围一般为 10%～50%，油、碱接触时间长的工艺应偏低选取。

(2)碱液浓度

粗油的酸值及色泽是决定碱液浓度的最主要的依据。粗油酸值高、色深的应选用浓碱；粗油酸值低、色浅的则选用淡碱。

(3)碱炼温度

碱炼操作温度是影响工艺效果的重要因素。操作时，一定要控制为油与皂脚明显分离时的温度，升温速度体现加速反应、促进皂脚絮凝过程的快慢。碱炼操作温度与粗油品质、碱炼工艺及碱液浓度等有关。

(4)混合搅拌

碱炼脱酸时，烧碱与游离脂肪酸的反应发生在碱滴的表面，碱滴分散得愈细，碱液的总表面积愈大，从而增加了碱液与游离脂肪酸的接触机会，加快了反应速度，缩短了碱炼过程，有利于精炼率的提高。混合搅拌的作用首先就在于使碱液在油相中高度地分散。为达到此目的，投碱时，混合或搅拌的强度必须强烈些。

(5)杂质的影响

粗油中除游离脂肪酸杂质以外，特别是一些胶溶性杂质、羟基化合物和色素等，对碱炼的效果也有重要的影响。这些杂质中有的(如磷脂、蛋白质)以影响胶态离子膜结构的形式增大炼耗；有的(如甘油一酯、甘油二酯)以其表面活性促使碱持久乳化；有的(如棉酚及其他色素)则因带给油脂深的色泽，造成因脱色而增大了中性油的皂化几率。

4. 碱炼工艺

碱炼工艺流程如图 6-2 所示。

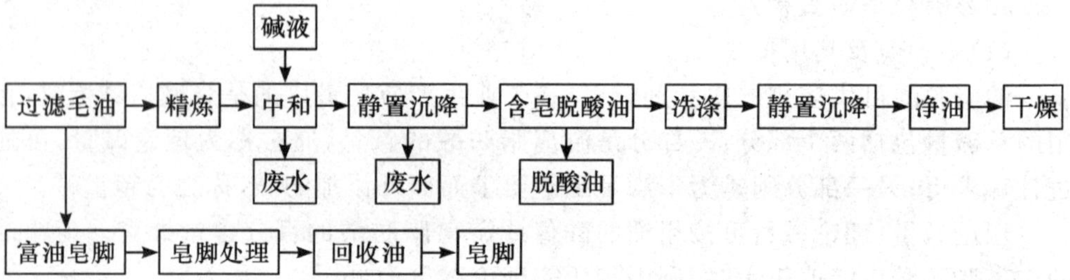

图 6-2　碱炼工艺流程图

(1)原料要求

采用此法，粗油应是含胶质量低的浅色油，含杂质量应在 0.2%以下。

(2)中和

碱液在过程开始后的 5～10 min 一次加入，搅拌速度为 60～70 r/min。全部液加完后搅拌 40～50 min，完成中和反应后，速度降到 30 r/min。继续搅拌 10 多分钟，使皂粒絮凝。用间接蒸汽将油迅速升温到 90～95℃，并根据皂粒絮凝情况加强搅拌或改用气流搅拌。驱散皂粒内水分，促使皂粒絮凝。当皂粒明显沉降时，停止搅拌，静置沉降。静置时要注意保温。

(3)分皂脚

在沉降分皂过程中，若采用间歇法处理，静置时间不少于 4 h；若采用连续脱皂机分皂，静置时间可缩短到 3 h。

(4)洗涤

最好是在每次专用洗涤罐内搅拌洗涤，油水温度不低于 85℃。洗涤水最好用软水，每次加水量为油量的 10%～15%。搅拌强度应适中，使油水混合均匀。洗涤 2 或 3 次，以除去油中残留的碱液和肥皂，直到油中残留皂量符合工艺要求。

如果发现油中有少量皂粒时，要注意严格控制操作条件，用食盐水或淡碱水洗涤。如果发现有乳化现象，可向油内撒细粒食盐或投入盐酸溶液破乳。正常操作时，油水沉降时间为 0.5～1 h。

(5)皂脚处理

皂脚中除肥皂水外，还含有不少中性油，应回收这部分油脂。在皂脚罐中加入一些中性油、食盐或食盐溶液，将皂脚调和到可分离的稠度，然后送入离心机分离出中性油。得到的处理皂脚可进行综合利用。

5. 蒸馏脱酸

蒸馏脱酸法又称为物理精炼，这种脱酸法不用碱液中和，而是借甘油三酯和游离脂肪酸相对挥发度的不同，在高温、高真空下进行水蒸气蒸馏，使游离脂肪酸与低分子物质随着蒸汽一起排出，这种方法适合于高酸价油脂。

蒸馏脱酸的优点是：不用碱液中和，中性油损失少；辅助材料消耗少，降低废水对环境的污染；工艺简单，设备少，精炼率高；具脱臭作用；成品油风味好。但由于高温蒸馏难以去除胶质与机械杂质，所以蒸馏脱酸前必先经过滤、脱胶程序。对于高酸价毛油，也可采用蒸汽蒸馏与碱炼相结合的方法。

蒸馏脱酸对于椰子油、棕榈油、动物脂肪等低胶质油脂的精炼尤为理想。

(五)油脂的脱色

纯净的甘油三酯呈液态时无色，呈固态时为白色。但常见的各种油脂都带有不同的颜色，影响油脂的外观和稳定性，这是因为油脂中含有数量和品种都不相同的色素物质所致，这些色素有些是天然色素，主要有叶绿素、类胡萝卜素、黄酮色素等，有些是油料在贮藏、加工过程中糖类、蛋白质的降解产物等。在棉籽油中含有棕红色的棉酚色腺体，是一种有毒成分。植物油中的各种色素物质性质不同，需专门的脱色工序处理。

油脂脱色的方法很多，工业生产中应用最广泛的是吸附脱色法，此外还有加热脱色法、氧化脱色法、化学试剂脱色法等。

吸附脱色就是利用某些具有吸附能力强的表面活性物质加入油中，在一定的工艺条件下吸附油脂中色素及其他杂质，经过滤除去吸附剂及杂质，达到油脂脱色净化目的的过程。

1. 吸附剂

(1)对吸附剂的要求

吸附力强，选择性好，吸油率低，对油脂不发生化学反应，无特殊气味和滋味且价格低，来源丰富。

(2)吸附剂种类

①天然漂土：一种膨润土，其中主要含蒙脱土，呈酸性，又称为酸性白土。

②活性白土：以膨润土为原料经加工而成的活性较高的吸附剂，具有很强的吸

附能力，在油脂工业的脱色中被广泛应用。

③活性炭：由树枝、皮壳等炭化后，再经活化处理而成，一般不单独使用，往往与活性白土混合使用，活性炭与活性白土的比例为 1：(10～20)。

2. 影响脱色的因素

(1)温度

在吸附剂表面生成“吸附剂—色素”化合物，需要一定的能量，所以必须有一定的温度才能提供足够的能量使它们发生反应。温度太高，生成的热无法放出。温度太低，吸附反应无法进行。吸附温度为 80～110℃，一般控制在 80℃，不超过 85℃。

(2)压力

脱色操作分常压和减压。常压脱色时，油脂热氧化反应总是伴随着吸附作用；减压脱色(压力为 6.7～8.0 kPa，即真空度 93.3～94.7 kPa)可防止油脂氧化，水分蒸发速度(吸附剂的水分)加快，由于吸附剂被水屏蔽，只有去除水分，吸附剂才能吸附色素。

(3)搅拌

搅拌速度≤80 r/min，使色素与吸附剂充分接触，使吸附剂在油中分布均匀。

(4)时间

脱色时间一般为 10～30 min，间歇式操作 15～30 min，连续脱色 5～10 min，加入酸性白土后，随着时间的加长，油脂的氧化程度、酸价回升速度都会提高。

(5)吸附剂用量

不同种类的色素所需的白土量不同。目前，国内大宗油脂的脱色，均使用市售的白土。达到高烹油、色拉油标准所需的白土量为油重的 1%～3%，最多不大于 7%。

(6)油的色度

油的色度不同，选用白土量亦不同。

(7)含水量

油中水分也影响白土对色素的吸附作用，因此油在脱色前，必须先进行脱水，使水含量在 0.1%以下。

(8)油中的胶杂

白土和胶杂的相互吸附能力强，白土首先和胶杂作用，使白土中毒，这大大影响了白土的用量和吸附能力，故在脱色中应尽量减少胶杂。

(9)油中残皂

残皂增加了白土的用量，影响了白土的吸附能力，使油脂酸价增加。

(10)油中的金属离子

脱色可以大大降低油中的金属离子，油中金属离子的浓度大，也将大大影响油脂的脱色。

(六)脱臭

纯净的甘油三酯是没有气味的,但各种植物油脂都有其特有的风味和气味,而这些气味一般都是由挥发性物质所组成的,主要包括某种微量的非甘油酯成分,例如酮类、醛类、烃类等的氧化物,油料中的不纯物,油中含有的不饱和脂肪酸甘油酯所分解的氧化物等。另外,在制油工艺过程中,也会产生一些新的气味,例如浸出油脂中的溶剂味、碱炼油脂中的肥皂味和脱色油脂中的泥土味等。所有这些为人们所不喜欢的气味,都统称为“臭味”。

1. 脱臭的目的

脱臭的目的是除去油脂中引起臭味的物质。除去这些不良气味的工序称脱臭。

2. 脱臭的方法

有真空蒸汽脱臭法、气体吹入法、加氢法、聚合法和化学药品脱臭法等几种。其中真空蒸汽脱臭法是目前国内外应用得最为广泛、效果较好的一种方法。它是利用油脂内的臭味物质和甘油三酯的挥发度的极大差异,在高温高真空条件下,借助水蒸气蒸馏的原理,使油脂中引起臭味的挥发性物质在脱臭器内与水蒸气一起逸出而达到脱臭的目的。气体吹入法是将油脂放置在直立的圆筒罐内,先加热到一定温度(即不起聚合作用的温度范围内),然后吹入与油脂不起反应的惰性气体,如二氧化碳、氮气等,油脂中所含挥发性物质便随气体的挥发而除去。

(七)脱蜡

某些油脂中含有较多的蜡质,如米糠油、葵花籽油等。蜡质是一种一元脂肪酸和一元醇结合的高分子酯类,具有熔点较高、油中溶解性差、人体不能吸收等特点,其存在影响油脂的透明度和气味,也不利于加工。为了提高食用油脂的质量并综合利用植物油脂蜡源,应对油脂进行脱蜡处理。脱蜡是根据蜡与油脂的熔点差及蜡在油脂中的溶解度随温度降低而变小的物理性质,通过冷却析出晶体蜡,再经过滤或离心分离而达到蜡油分离的目的。

八、植物油脂的深加工

(一)油脂氢化

1. 油脂氢化概述

(1)概念

在金属催化剂的作用下,把氢加到甘油三酯的不饱和脂肪双键上,这种化学反应称为油脂的氢化反应,简称油脂氢化。

(2)氢化过程

氢化是使不饱和的液态脂肪酸加氢成为饱和固态的过程。反应后的油脂,碘值下降,熔点上升,固体脂数量增加,被称为氢化油或硬化油。对食用油脂的加工,氢化是变液态油为半固态酯、塑性酯以适应人造奶油、起酥油、煎炸油及代可可脂等生产需要的加工油脂。氢化还可以提高油脂的抗氧化稳定性及改善油脂色泽等目的。

(3)氢化类别

根据加氢反应程度的不同,氢化反应又有轻度氢化(选择性氢化)和深度(极度)氢化之分。

选择性氢化是指在氢化反应中,采用适当的温度、压强、搅拌速度和催化剂,使油脂中各种脂肪酸的反应速度具有一定的选择性的氢化过程,主要用来制取食用的油脂深加工产品的原料脂肪,如用于制取起酥油、人造奶油、代可可脂等的原料脂,产品要求有适当碘值、熔点、固体酯指数和气味。

(4)油脂氢化是多相催化反应

反应物有三相:油脂——液相、氢气——气相、催化剂——固相。只有当三相反应物碰在一起时,才能发生氢化反应,因此需要设计机械搅拌装置。

(5)氢化反应需要使用催化剂

工业上一般以金属镍为基本催化剂,尤其在国外,镍单元催化剂的应用更为普遍。轻度硫毒化的催化剂(如荷兰 SP～7 型)用于氢化,则可大大提高氢化油中反式异构酸的含量。常用的催化剂有:镍-铁催化剂,铜-镍二元催化剂,铜-铬-锰三元催化剂,钯和铑催化剂等。

2. 影响氢化反应的因素

(1)温度

与其他化学反应一样,温度是影响氢化反应速度的主要因素。最佳反应温度的选择,必须按原情况和对最终产品的要求综合考虑。常用温度为 100～180℃,脂肪酸深度氢化的温度高达 200～220℃。选择性氢化常控制温度在 130～150℃。

(2)压力

系统压力的大小直接影响到氢气在油中的溶解度。选择性氢化压力按催化剂含量和其活性的不同一般为 0.02～0.5 MPa。生产极低碘值的脂肪酸和工业用油,为缩短反应时间,工作压力可高达 1.0～2.5 MPa。

(3)搅拌速度

氢化反应中,催化剂必须呈悬浮状,气相、液相和固相之间必须进行有效的物质交换,反应放出的热量需要迅速引出机外,气相的氢气要迅速回到液相去,这些都要求反应过程需要强烈的搅拌。但搅拌速度过高会导致异构酸数量的增加,而且增大了动力消耗，因此应选择适当的搅拌速度。

(4)反应时间

反应时间取决于温度、催化剂的添加量及活性、工作压力等因素，其中有一个或几个因素上升，反应速度就会加快，得到同碘值产品所需要的时间也就加快。选择性氢化反应时间通常为 2～4 h。

(5)催化剂

氢化反应的反应速率与催化剂的用量及其表面性质有密切关系。催化剂的表面积大，活性好，反应速率快；催化剂的用量增加，反应速率也增加。

3. 氢化工艺与设备

(1)氢化工艺

氢化工艺流程如图 6-3 所示。

原料→预处理→除氧脱水→氢化→过滤→后脱色→脱臭→成品氢化油

图 6-3　氢化工艺流程图

(2)氢化设备

氢化设备主要有氢化反应器、催化剂混合器、除氧脱水器和过滤机等。氢化反应器其作用是使油、氢气、催化剂三相混合均匀，进行氢化反应。

(二)人造奶油

人造奶油系指精制食用油添加水及其他辅料，经乳化、急冷捏合成具有天然奶油特色的可塑性制品。油脂含量一般在 80%左右，这是人造奶油的主要成分，也是传统的配方。

1. 人造奶油的种类

人造奶油可分为两大类：家庭用人造奶油和食品工业用人造奶油。

(1)家庭用人造奶油

直接涂抹在面包上食用，少量用于烹调。市场销售的多为小包装。家庭用人造奶油保形性好，置于室温时，不熔化，不变形，在外力作用下，易变形，可做成各种花样；延展性好，置于低温时，在面包上仍易于涂抹；口溶性好，置于口中迅速熔化；风味好，通过合理的配方和加工后具有愉快的滋味和香味；营养价值高，一方面其可作为人体热量的来源，另一方面应富含多不饱和脂肪酸。

目前国内外家庭用人造奶油主要有以下几种。

①硬型餐用人造奶油：熔点与人的体温接近。国外 20 世纪 50 年代以硬型人造奶油为主。

②软型人造奶油：配方时使用较多的液体植物油，亚油酸在 30%左右，改善了

低温下的展延性。自20世纪60年代开始供应市场以来，由于涂抹方便及营养方面的优越性，发展很快。

③高亚油酸型人造奶油：这类人造奶油含亚油酸50%～63%。

④低热量型人造奶油：1974年国际人造奶油组织提出"低脂人造奶油的标准"方案，其中规定脂肪含量39%～41%，乳脂1%以下，水50%以上。

(2)食品工业用人造奶油

食品工业用人造奶油是以乳化液型出现的配酥油，它除具备起酥油的加工性能外，还能够利用水溶性的食盐、乳制品和其他水溶性增香剂改善食品的风味，使制品带上具有魅力的橙黄色等。

①通用型人造奶油：这类人造奶油属于万能型、可塑性、酪化性、熔点一般都较低。

②专用人造奶油：包括面包用人造奶油、起层用人造奶油、油酥用人造奶油。

③逆相人造奶油：一般人造奶油是油包水型(W/O)乳状物，逆相人造奶油是水包油型(O/W)乳状物。由于水相在外侧，加工时不粘辊，延伸性好，这些优点对加工糕点有利。

④双重乳化型人造奶油：这种人造奶油产生于1970年，是O/W/O乳化物。由于O/W型人造奶油与鲜乳一样，水相为外相，此风味清淡，受到消费者的欢迎，但容易引起微生物侵蚀，而W/O人造奶油不易滋生微生物而且起泡性、保形性和保存性好。O/W/O人造奶油同时具备W/O型和O/W型的优点，既易于保存，又清淡可口，无油腻味。

2.人造奶油的原料、辅料及配方

(1)原料油脂

动物油脂，起酥性非常好，氧化稳定性及酪化性差；动物氢化油、鲸油、鱼油等海产动物油脂，其口溶性良好，稳定性差，高温加热会引起发臭；精炼植物油脂、植物氢化油都是非常好的人造奶油原料。

(2)辅料

辅料是为了改良制品的风味、外观组织、物理性质、营养价值和贮存性等，以提高产品价值。辅料有牛奶和脱脂乳、食盐、乳化剂(卵磷脂、单硬脂酸甘油酯、单脂肪酸蔗糖酯等)、防腐剂(苯甲酸或苯甲酸钠，用量为0.1%左右)、抗氧化剂(维生素E、BHT、BHA、PG等)、香味剂、着色剂等。

3.人造奶油生产工艺

人造奶油生产工艺可分为原辅料的调和、乳化、急冷捏合、包装、熟成五个阶段。

(1)调和

原料油按一定比例经计量后进入调和锅调匀。将脂溶性添加物(乳化剂、着色剂、抗氧剂、香味剂、脂溶性维生素等)用油溶解后混入调和锅。水溶性添加物用经杀菌处理的水溶解成均匀的溶液后备用。典型人造奶油的配方举例如下:

原料油脂	80%～82%	水分	14%～17%
食盐	0～2%	甘油单酸酯	0.2%～0.3%
卵磷脂	0.1%	胡萝卜素	微量
香精	0.1～0.2 mg/L	脱氢醋酸	0～0.05%
固体乳成分	0～2%		

(2)乳化

乳化的目的是使水相均匀而稳定地分散在油相中,而水相的分散程度对产品的品质影响很大。人造奶油的风味和水相颗粒的大小密切相关,微生物的繁殖是在水相中进行的,一般细菌的大小为 1～5 μm,故水滴在 10～20 μm 可以限制细菌的繁殖,但水相分散过细,水滴过小也会使人造奶油油感重,风味较差,失去风味感;如分散不充分,水相颗粒过大会使人造奶油生产腐败变质,所以乳化操作应达到一定的分散程度。水相的分散度可通过显微镜观察。加工普通的 W/O 型人造奶油,可把乳化锅内的油脂加热至 60℃,然后加入计量好的相同温度的水(含水溶性添加物)在乳化锅内迅速搅拌,形成油包水型乳化液。香料在乳化操作结束时加入。

(3)冷却塑化

以机械搅拌形成的乳状液很不稳定,停止搅拌后就可能产生油水分离现象,所以混合后的乳状液应立即送往后道工序进行冷却塑化加工。在冷却塑化工序中,主要是实现将油水的乳化状态通过激冷固定下来,并使制品进一步乳化和具有可塑性。现普遍采用密闭式连续激冷塑化装置。

食品工业用人造奶油必须通过高效的捏合机,打碎乳状液形成的网状结构使它重新结晶,降低稠度,增强可塑性,捏合操作对物料进行剧烈搅拌捏合,并慢慢形成结晶。家庭用软型人造奶油要求口溶性好,稠度较高,如果进行过度捏合,会有损其风味。

(4)包装、熟成

从捏合机出来的人造奶油为半流体,要立即送往包装机。有些成型的制品则先经成型机后再包装。包装好的人造奶油置于比熔点低 10℃的仓库中保存 2～5 d,使结晶完成,这项工序称为熟成。

(三)食用调和油

调和油就是将两种或两种以上的高级食用油脂,按科学的比例调配成的高级食用油。

1. 调和油的品种

调和油的品种很多。根据我国人民的食用习惯和市场需求，可以生产出多种调和油。

(1)风味调和油

根据群众爱吃花生油、芝麻油的习惯，可把菜籽油、米糠油、棉籽油等经全精炼，然后与香味浓郁的花生油、芝麻油按一定比例调和，制成“轻味花生油”或“轻味芝麻油”供应市场。

(2)营养调和油

利用玉米胚芽油、葵花籽油、红花籽油、米油、大豆油配制而成，其亚油酸和维生素 E 含量都较高，是比例均衡的营养健康油，供应高血压、冠心病患者以及必需脂肪酸缺乏症者。

(3)煎炸调和油

利用氢化油和经全精炼的棉籽油、菜籽油、猪油或其他油脂调配而成，脂肪酸组成平衡、起酥性能好、烟点高的炸油。

2. 调和油的加工

(1)调和油的原料及配方

调和精炼油的原料油主要是高级烹调油或色拉油，并使用一些具有特殊营养功能的一级油，如玉米胚油、红花籽油、紫苏油、浓香花生油等。而调和高级烹调油和调和色拉油的原料油则全部是高级烹调油或色拉油。各种油脂的调配比例主要是根据单一油脂的脂肪酸组成及其特性调配成不同营养功效的调和油，以满足不同人群的需要。在满足一定营养功效的前提下，尽量采用当地丰富的、价廉的油脂资源，以提高经济效益。此外，调和油中常加入少量的抗氧化剂及其他添加剂，应符合 GB 2760《食品添加剂使用卫生标准》的要求。

(2)调和油的生产

调和油的技术含量主要在于配方，加工较简便，不需增添特殊设备。在一般的全精炼油车间均可调制。调制风味调和油时，先计量全精炼的油脂，将其在搅拌的情况下升温到 35～40℃，按比例加入浓香味的油脂或其他油脂，继续搅拌 30 min，即可贮藏或包装。如要调制高亚油酸营养油，则需在常温下进行调和，并加入一定量的维生素 E。如要调制饱和程度较高的煎炸油，则调和时温度要高些，一般为 50～60℃，最好再按规定加入一定量的抗氧化剂。

相关标准

植物油生产工艺测定规范(LS/T 1208—1992)

食用调和油(SB/T 10292—1998)

绿色食品　食用植物油(NY/T 751—2003)

相关网站

www. foodmate. net

www. chinaoils. cn

学习项目一　植物油脂的提取工艺

学习任务

1. 认识常见的植物油料种子，知道植物油料的预处理的方法和意义。
2. 了解机械压榨法制油与溶剂浸出制油的特点、方法和工序。
3. 认识机械压榨法制油与溶剂浸出制油的主要设备。
4. 了解超临界流体萃取法制油的特点和工艺流程。
5. 了解水溶剂法制油的特点和工艺流程。

本项目利用教学光盘等多媒体根据理论教学，需4学时完成。

一、学习准备

课程导入

每天摄入多少油脂为好？选择什么油脂有助于人体健康？

小词典：食用植物油的营养价值

食用植物油主要是由甘油三酯分子组成的，甘油三酯又是不同的脂肪酸经过结合形成，甘油三酯种类较多，再通过膳食被人体摄入。而脂肪酸又可分为三类：饱和脂肪酸、单不饱和脂肪酸和多不饱和脂肪酸。从促进人体健康出发，选择食用油，可少吃含饱和脂肪酸多的动物油，提倡吃含不饱和脂肪酸多的植物油。吃油的量一般提倡每人每天不要超过25 g，每月每人不要超过750 g为宜。

预习单

1. 列举几种油料植物，并指出其油脂存在的主要部位。
2. 油脂是由(　　)分子甘油和(　　)分子高级脂肪酸形成的中性酯。
3. 根据脂肪酸与甘油结合的形式不同，甘油三酯可分成哪几类？
4. 构成油脂的脂肪酸主要有哪两大类？甘油三酯中(　　)含量较高时，在常温下呈固态而称之为脂。(　　)含量较高时，在常温下呈液态而称之为油。

5. 解释“碘价”和“酸价”。
6. 油料中的杂质对制油有哪些影响?
7. 按顺序写出油料预处理的程序。
8. 油料剥壳的方法有哪些?
9. 如何进行油料软化操作?
10. 油料轧坯的好处有哪些?
11. 挤压膨化的目的有哪些?
12. 说出机械压榨法制油的优缺点。
13. 榨油设备主要有哪些?
14. 影响压榨制油效果的因素有哪些?
15. 解释浸出法制油的原理。
16. 浸出法制油优缺点分别是什么?
17. 浸出法制油对溶剂有何要求? 我国目前普遍采用的浸出溶剂是什么?
18. 什么是“超临界流体萃取技术”?
19. 临界点是如何定义的? 什么是超临界流体?
20. 解释“水溶剂法制油”、“水代法制油”。

二、教学实施

以学习小组为单位,通过观看相关光盘及多媒体教学或教师展示的图片、实物等,完成下列学习页。

学习页

(一)常见油料种子的认识

植物名称	花生	大豆	油菜	棉花	玉米	其他
油料名称	花生仁					
油脂产品名称	一级压榨花生油					

课后拓展:对市场上的食用油脂进行调查。

(二)植物油料预处理的学习和探讨

工序	设备名称	作用	操作要点
油料清理			
剥壳及仁壳分离			
油料的破碎与软化			
油料的轧坯			
油料生坯的挤压膨化			
油料的蒸炒			

(三)机械压榨法制油与浸出制油工艺的学习和探讨

项目	机械压榨制油	浸出制油
设备		
工艺		
优点		
缺点		
影响制油效果的因素		

(四)超临界流体萃取制油和水溶剂法制油工艺的学习和了解

项目	超临界流体萃取制油	水溶剂法制油
方法		
特点		
应用		

三、评价与反馈

按照附录的考核单评价。

四、总结与反思

1. 我国许多地区的农村还采用小作坊提取油脂，当地老百姓也喜欢食用毛油，人工毛油的香味更浓郁，营养价值更高，你如何看待这一问题？

2. 我国常用的油脂提取的工艺、方法与国际发达国家有哪些不同？

五、拓展学习

总结自己学习中还需解决的问题。

学习项目二　植物油脂的精炼和深加工工艺

学习任务

1. 知道毛油中的杂质种类，熟悉去除杂质的方法。

2. 掌握油脂精炼的主要环节。

3. 知道脱胶、脱酸、脱色、脱臭、脱蜡的方法和工艺。

4. 掌握脱胶、脱酸、脱色、脱臭、脱蜡工艺过程的关键控制点。

5. 了解氢化油的加工原理，知道氢化油的加工工艺及在食品加工中的应用。

6.了解人造奶油的加工原理，知道人造奶油的加工工艺及在食品加工中的应用。

7.能科学合理调整食用调和油的配方。

8.会根据配方配制食用调和油。

本项目利用教学光盘等多媒体根据理论教学，需4学时完成。

一、学习准备

课程导入

你在超市怎样选购食用植物油？

小词典：几种食用植物油的营养特点

花生油淡黄透明，色泽清亮，气味芬芳，滋味可口，是一种比较容易消化的食用油。花生油含不饱和脂肪酸80%以上(其中含油酸41.2%，亚油酸37.6%)。另外还含有软脂酸，硬脂酸和花生酸等饱和脂肪酸19.9%。

菜籽油一般呈深黄色或棕色。菜籽油中含花生酸0.4%～1.0%，油酸14%～19%，亚油酸12%～24%，芥酸31%～55%，亚麻酸1%～10%。从营养价值方面看，人体对菜籽油消化吸收率可高达99%，并且有利胆功能。

芝麻油有普通芝麻油和小磨香油，它们都是以芝麻油为原料所制取的油品。从芝麻中提取出的油脂，无论是芝麻油还是小磨香油，其脂肪酸大体含油酸35.0%～49.9%，亚油酸37.7%～48.4%，花生酸0.4%～1.2%。芝麻油的消化吸收率达98%。芝麻油中含有特别丰富的维生素E和比较丰富的亚油酸。

精炼后的葵花籽油呈清亮好看的淡黄色或青黄色，其气味芬芳，滋味纯正。葵花籽油的人体消化率96.5%，它含有丰富的亚油酸，有显著降低胆固醇、防止血管硬化和预防冠心病的作用。

红花籽油含饱和脂肪酸6%，油酸21%，亚油酸73%。由于其主要成分是亚油酸，所以营养价值特别高，并能起到防止人体血清胆固醇在血管壁里沉积，防治动脉粥样硬化及心血管疾病的医疗保健效果，被誉为新兴的“健康营养油”。

大豆油的色泽较深，有特殊的豆腥味；热稳定性较差，加热时会产生较多的泡沫。大豆油含有较多的亚麻油酸，较易氧化变质并产生“豆臭味”。大豆油中含棕榈酸7%～10%，硬脂酸2%～5%，花生酸1%～3%，油酸22%～30%，亚油酸50%～60%，亚麻油酸5%～9%。大豆油的脂肪酸构成较好，它含有丰富的亚油酸，有显著的降低血清胆固醇含量、预防心血管疾病的功效，大豆中还含有较多的维生素E、维生素D以及丰富的卵磷脂，对人体健康均非常有益。另外，大豆油的人体消化吸收率高达98%，所以大豆油也是一种营养价值很高的优良食用油。

预习单

1. 毛油中的杂质主要有哪些？
2. 毛油中机械杂质的去除主要采用哪些方法？
3. 解释“脱胶、脱酸、脱色、脱臭、脱蜡”。
4. 影响脱胶效果的因素有哪些？
5. 常用的脱酸方法有哪些？
6. 影响碱炼的因素有哪些？
7. 油脂脱色的方法有哪些？工业上常用哪几种方法？
8. 脱臭的方法有哪些？
9. 脱蜡的方法有哪些？
10. 什么是油脂氢化？
11. 氢化油脂在工业上有何重要价值？
12. 影响油脂氢化反应的因素有哪些？
13. 油脂氢化设备主要有哪些？
14. 什么是人造奶油？
15. 食品工业用人造奶油包括哪几种？
16. 食用调和油的调配原则是什么？
17. 我国的食用调和油的品种主要有哪些？

二、教学实施

以学习小组为单位，通过观看相关光盘及多媒体课件教学，完成下列学习页。

学习页

(一)毛油中的杂质种类与去除

杂质的名称	
除杂方法	
除杂设备	

课后拓展：对喜欢直接食用毛油的消费者有什么建议。

(二)毛油的脱胶、脱酸、脱色、脱臭、脱蜡的学习和探讨

工序	作用	方法	操作要点	关键控制点
脱胶				
脱酸				
脱色				
脱臭				
脱蜡				

(三)氢化油脂工艺的学习和探讨

油脂氢化的工艺流程
设备
操作规程
影响氢化效果的因素

(四)人造奶油工艺的学习和了解

人造奶油的工艺流程
设备
操作规程
影响产品质量的因素

(五)食用调和油的学习和探讨

食用调和油(以三类中的一种为例)工艺流程
设备
操作规程
影响产品质量的因素

小词典: 食用油选择小常识

①选择植物性食用油,须注意耐热性、稳定性、不饱和脂肪酸含量高、维生素E含量高等及根据各人的喜好和经济能力,红花籽油、玉米胚芽油、葵花籽油是营养价值较高的油脂,但价格相对较高,而且有的消费者对其口感也还不适应;如从香味考虑可选择花生油、芝麻油,其营养价值也较高;一般消费者可选择食用调和油,它是由几种油脂配比混合而成,具有价格适中,又兼顾风味、营养之特点。

②选择诚实品牌、标示清楚。

③油色金亮(按国标要求越浅越好)、透明、无沉淀物。

④味觉良好,无酸、苦、辛辣等滋味和焦苦味。

小词典: 食用油使用小常识

①烹饪时不加热至冒烟,因开始发烟即开始劣化。

②勿重复使用,一冷一热容易变质。

③油炸次数不超过3次,并用较耐高温的油来油炸。

④不要烧焦,烧焦容易产生过氧化物,长期食用易使肝脏及皮肤病变。

⑤使用后应旋紧盖子,避免空气接触,与空气接触易产生氧化。

⑥避免放置于阳光直射或炉边过热处，容易变质，应置于阴凉处，并避免水分渗透，致使劣化。

⑦使用过的油不要再倒入原油品中，因为用过的油经氧化后分子会聚合变大，油呈黏稠状，容易劣化变质。

三、评价与反馈

按照附录的考核单评价。

四、总结与反思

1. 氢化油脂有哪些用途，利用时应注意哪些问题？
2. 如何合理食用人造奶油？
3. 在食用调和油的加工中有何建议？

五、拓展学习

总结自己学习中还需解决的问题。

实训项目　植物油脂加工企业参观

实训任务

1. 了解整个生产厂房的布局。
2. 能够按照加工流程看懂总控制台的操作程序。
3. 清楚各个车间工作内容，明白各车间控制台的操作工序。
4. 了解企业工艺管理规定、设备管理制度，了解各车间岗位管理制度、操作规程。
5. 学习主要工序作业指导书、成品管理作业指导书、辅料和包装材料作业指导书、滞留区作业指导书。
6. 了解企业的“HACCP 文件”及“关键工序控制操作规程”。

本项目通过去北京古船食品公司参观完成，需 4 学时。

一、参观准备

(一)企业文化了解

以学习小组为单位，通过网上查阅，了解欲参观企业的信息资料。

(二)参观材料的准备

1. 以小组为单位设计企业调查表，一周前打印好。
2. 检查参观材料的准备情况。

二、参观教学的实施

以小组为单位参观实践，并完成工作页。

工作页

(一)筛理、轧坯、蒸炒车间参观

项目	筛理	轧坯	蒸炒
主要设备			
主要工作			
要求			
体会			

(二)制油(压榨)车间参观

项目	控制台	二楼	三楼
主要工作			
要求			
体会			

(三)成品油脂加工车间参观

项目	脱胶	脱酸	脱色	脱蜡	脱臭	调配包装
设备						
主要工作						
要求						
体会						

(四)了解企业文化、管理

1. 员工招聘方式、时间。
2. 主要岗位、员工要求。
3. 保险、工资待遇等。

(五)整理调查表,及时咨询和补充

三、评价与反馈

按照附录的考核单评价。

四、总结与反思

1. 本次参观最大的收获是什么?

2. 你认为该油脂加工企业有哪些先进理念和科学管理?哪些地方需要进一步改进?

五、拓展学习

该企业哪些地方需要进一步改进?

专项实验一　油品的调配

实验目标

1. 理解油品调配的目的。

2. 会根据配方完成营养调和油、风味调和油、煎炸调和油的调配。

完成该实验需要 4 学时。

一、实验准备

以组为单位准备以下材料。

1. 实验用具的准备

量筒(50 mL)1 个,500 mL 烧杯 1 个,玻璃棒(或牛角匙)1 根,电水浴锅 1 台、高温温度计 1 只等。

2. 实验油品

花生油、玉米胚芽油、米糠油、橄榄油、大豆油、葵花籽油、维生素 E 各 500 mL。

以组为单位确定本组三种油品调配的配方。

二、实验教学的实施

以小组为单位实验,并完成实验单。

实验单

(一)营养调和油的配制

根据操作过程完成下表。

营养调和油的配制

配方	
操作要点	
注意的问题	

(二)风味调和油的配制

根据操作过程完成下表。

风味调和油的配制

配方	
操作要点	
注意的问题	

(三)煎炸调和油的配制

根据操作过程完成下表。

煎炸调和油的配制

配方	
操作要点	
注意的问题	

小词典:胆固醇、不饱和脂肪酸、黄曲霉素、芥酸等与食用油脂的关系

1.胆固醇

血内胆固醇水平过高,证实与心血管疾病有很大关系,科学家相信胆固醇愈高,患心脏疾病的机会就愈大,血内胆固醇过高会促使身体血管患上动脉粥样硬化。动脉血管壁沉淀了脂肪,胆固醇等物质,以致血管、管道狭窄及血管壁破损,严重的会使血液流通不畅或导致血管硬化淤塞。一般植物油脂是不含胆固醇的。

2.不饱和脂肪酸

体内的胆固醇是由两种密度不同的脂肪蛋白转送至所指定的组织,称为低密度及高密度脂肪蛋白。

低密度脂肪蛋白转运的胆固醇最易凝聚在血管壁,导致日后血管硬化淤塞。

高密度脂肪蛋白转运的胆固醇能清除血管内壁积聚的淤塞,还具有溶解低密度脂肪蛋白的潜力。

所以,高密度脂肪蛋白有助减低血管病的形成。

饱和脂肪酸可以在体内转化为胆固醇，令体内水平增高，若进食量大，更会增加低密度脂肪蛋白胆固醇的结合而积聚血管中，增加日后血管闭塞机会。

实验证明多聚不饱和脂肪酸可降低体内低密度脂肪蛋白的水平，降低患上血管疾病的机会，因此含多聚不饱和脂肪酸的食品比含丰富饱和脂肪酸的好。

3. 黄曲霉素

黄曲霉素又称黄霉素或黄曲素。黄曲霉素毒菌比其他菌类的适应力较强，即使在较干净的环境也能生长，花生贮存不当会引起黄曲霉素毒菌滋生。动物试验研究报告也发现这些毒素是可致癌的。

4. 芥酸

芥酸是菜籽油及植物种子中的主要脂肪酸。动物试验研究中发现含芥酸过高的菜籽油会使心脏内积聚脂肪粒，肌肉因细胞破坏而受损。

三、评价与反馈

按照附录的考核单评价。

四、总结与反思

1. 以学习小组为单位，整理出未知问题或内容，并进行讨论。

2. 对本次实验有何改进意见？

五、拓展学习

对本次实验有何改进意见？

专项实验二　植物油脂的检验与鉴定

实验目标

1. 会测定植物油脂的酸价、碘价、过氧化值、羰基价。

2. 能根据油脂测定的结果正确评价油脂。

完成该实验需要 6 学时。

一、实验准备

(一)以组为单位检查下列仪器与试剂是否准备齐全

1. 仪器

碘量瓶 250 mL；各种分析天平；分光光度计；10 mL 具塞玻璃比色管；常用玻

璃仪器。

2. 试剂

①酚酞指示剂(10 g/L):溶解 1 g 酚酞于 90 mL(95%)乙醇与 10 mL 水中。

②氢氧化钾标准溶液[c(KOH)=0.05 mol/L]。

③碘化钾溶液(150 g/L):称取 15.0 g 碘化钾,加水溶解至 100 mL,贮于棕色瓶中。

④硫代硫酸钠标准溶液(0.1 mol/L):按 GB 601 配制与标定。

⑤韦氏碘液试剂:分别在两个烧杯内称入三氯化碘 7.9 g 和碘 8.9 g,加入冰醋酸,稍微加热,使其溶解,冷却后将两溶液充分混合,然后加冰醋酸并定容至1 000 mL。

⑥三氯甲烷(分析纯)、环己烷(分析纯)、冰乙酸(分析纯)、可溶性淀粉(分析纯)。

⑦饱和碘化钾溶液:称取 14 g 碘化钾,加 10 mL 水溶解,必要时微热使其溶解,冷却后贮于棕色瓶中。

⑧精制乙醇溶液:取 1 000 mL 无水乙醇,置于 2 000 mL 圆底烧瓶中,加入 5 g 铝粉、10 g 氢氧化钾,接好标准磨口的回流冷凝管,水浴中加热回流 1 h,然后用全玻璃蒸馏装置,蒸馏收集蒸馏液。

⑨精制苯溶液:取 500 mL 苯,置于 1 000 mL 分液漏斗中,加入 50 mL 硫酸,小心振摇 5 min,开始振摇时注意放气。静置分层,弃除硫酸层,再加 50 mL 硫酸重复处理一次,将苯层移入另一分液漏斗,用水洗涤三次,然后经无水硫酸钠脱水,用全玻璃蒸馏装置蒸馏收集蒸馏液。

⑩2,4-二硝基苯肼溶液:称取 50 mg 2,4-二硝基苯肼,溶于 100 mL 精制苯中。

三氯乙酸溶液:称取 4.3 g 固体三氯乙酸,加 100 mL 精制苯溶解。

⑪氢氧化钾-乙醇溶液:称取 4 g 氢氧化钾,加 100 mL 精制乙醇使其溶解,置冷暗处过夜,取上部澄清液使用。溶液变黄褐色则应重新配制。

(二)以组为单位学生配制及标定下列试剂

(1)氢氧化钾标准溶液(0.05 mol/L)的标定:按 GB 601 标定或用标准酸标定。

(2)中性乙醚-乙醇(2+1)混合液:按乙醚-乙醇(2∶1)混合,以酚酞为指示剂,用所配的 KOH 溶液中和至刚呈淡红色,且 30 s 内不褪色为止。

(3)三氯甲烷-冰乙酸混合液的配制:量取 40 mL 三氯甲烷,加 60 mL 冰乙酸,混匀。

(4)淀粉指示剂(10 g/L)配制:称取可溶性淀粉 0.50 g,加少许水,调成糊状,倒入 50 mL 沸水中调匀,煮沸至透明,冷却。

(5)硫代硫酸钠标准溶液(0.002 0 mol/L)配制:用 0.1 mol/L 硫代硫酸钠标

准溶液稀释。

二、实验教学的实施

以小组为单位实验，并完成实验单。

实验单

(一)实验目的的理解、实验原理的掌握

阅读资料在实验预习时完成下表。

项目	对油脂的影响	测定原理	标准
油脂酸价			
油脂碘价			
油脂过氧化值			
油脂羰基价			

小词典：酸价、碘价、过氧化值

食用植物油脂品质的好坏可通过测定其酸价、碘价、过氧化值、羰基价等理化特性来判断。

1. 油脂酸价

酸价是反映油脂质量的主要技术指标之一，同一种植物油酸价越高，说明其质量越差越不新鲜。测定酸价可以评定油脂品质的好坏和贮藏方法是否恰当，利用酸碱中和滴定的方法测定。中国《食用植物油卫生标准》规定：酸价，花生油、菜籽油、大豆油≤4，棉籽油≤1。

2. 碘价

测定碘价可以了解油脂脂肪酸的组成是否正常有无掺杂等。最常用的是氯化碘-乙酸溶液法(韦氏法)。其原理是：在溶剂中溶解试样并加入韦氏碘液，氯化碘则与油脂中的不饱和脂肪酸起加成反应，游离的碘可用硫代硫酸钠溶液滴定，从而计算出被测样品所吸收的氯化碘(以碘计)的克数，求出碘价。常见油脂的碘价为：大豆油 120～141；棉籽油 99～113；花生油 84～100；菜籽油 97～103；芝麻油 103～116；葵花籽油 125～135。碘价高的油脂，说明其组成中不饱和脂肪酸含量高或不饱和程度高。

3. 过氧化值

检测油脂中是否存在过氧化值及其含量的大小，即可判断油脂是否新鲜及其酸败的程度。常用滴定法，其原理是：油脂氧化过程中产生过氧化物，与碘化钾作用，生成游离碘，以硫代硫酸钠溶液滴定，计算含量。中国“食用植物油卫生标准(GB 2716—85)”规定：过氧化值(出厂)≤0.15％。

(二)植物油脂酸价的测定

测定标准:GB/T 5009.37—2003。

根据操作过程及测定结果完成下表。

项目	油品 1	油品 2	油品 3
酸价			
是否新鲜			
参考标准			
实验是否正确并说明原因			

(三)植物油脂碘价的测定

测定标准:GB/T 5532—1995。

根据操作过程及测定结果完成下表。

项目	油品 1	油品 2	油品 3
碘价			
不饱和脂肪酸含量是否合格			
参考标准			
实验是否正确并说明原因			

(四)植物油脂过氧化值的测定

测定标准:GB/T 5009.37—2003 第一法。

根据操作过程及测定结果完成下表。

项目	油品 1	油品 2	油品 3
过氧化值			
是否新鲜			
参考标准			
实验是否正确并说明原因			

三、评价与反馈

按照附录的考核单评价。

四、总结与反思

1. 以学习小组为单位，整理出未知问题或内容，并进行讨论。
2. 对本次实验有何体会？

五、拓展学习

对本次实验有何体会？

第七单元　植物淀粉及其制品加工

学习目标

1. 知道玉米、薯类淀粉加工工艺及生产设备。
2. 了解淀粉加工企业的工作岗位、生产要求。
3. 知道变性淀粉的加工原理及用途。
4. 知道膳食纤维的概念及功用。
5. 会加工薯类淀粉。
6. 理解淀粉的主要特性。

内容结构

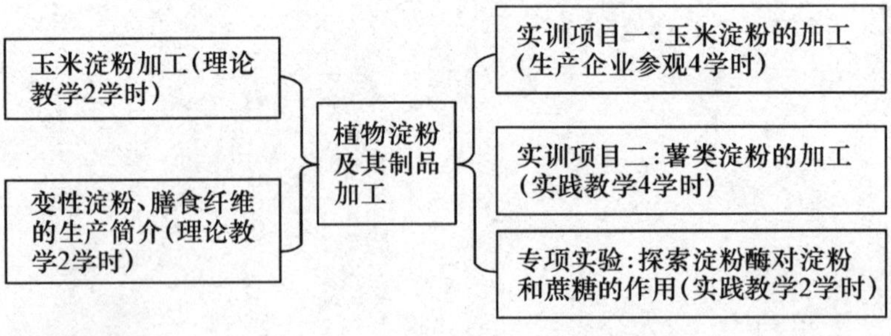

学习资料

一、植物原淀粉的加工

淀粉是绿色植物光合作用的产物,如玉米、小麦、水稻等谷类,绿豆、豇豆、菜豆等豆类,马铃薯、甘薯、木薯等薯类都含有大量的淀粉。淀粉工业采用湿磨技术,可以从上述原料中提取纯度约99%的淀粉的产品。湿磨得到的淀粉经干燥脱水后，呈白色，粉末状。

淀粉又是许多工业生产的原、辅料，可利用的主要性状包括颗粒性质、糊或浆液性质、成膜性质等。淀粉分子有直链和支链两种。一般地讲，直链淀粉具有优良的成膜性和膜强度，支链淀粉具有较好的黏结性。大多数植物所含的天然淀粉都是由直链和支链两种淀粉以一定的比例组成的。

由于天然淀粉并不完全具备各工业行业应用的有效性能，因此，根据不同种类淀粉的结构、理化性质及应用要求，采用相应的技术可使其改变性质，得到各种变性淀粉，从而改善了应用效果，扩大了应用范围。淀粉和变性淀粉可广泛应用于食品、纺织、造纸、医药、化工、建材、石油钻探、铸造以及农业等许多行业。

(一)玉米原淀粉加工

玉米原淀粉生产包括玉米清理、玉米湿磨和脱水干燥三个主要阶段。

1. 玉米清理

玉米籽粒中常混有瘦瘪小粒、土块、石块、其他植物种子以及金属杂质等，籽粒表面也附有灰尘，在浸泡前要把这些杂质清理出去。

清理杂质一般用通用的谷物清理振动筛，然后再经过比重去石机、磁选机等，具体清理方法同小麦的清理。清理后的玉米送至浸泡罐进行浸泡。

2. 玉米的湿磨分离

从玉米的浸泡到玉米淀粉的洗涤整个过程都属于玉米湿磨阶段，在这个阶段中，玉米籽粒的各个部分及化学组成实现了分离，得到湿淀粉浆液及浸泡液、胚芽、麸质水、湿渣滓等。

(1)玉米的浸泡

玉米淀粉的提取是利用湿磨法，也就是先进行浸泡而后在水的参与下进行磨碎。

经过浸泡可起到降低玉米籽粒的机械强度，有利于粗破碎胚乳与胚芽分离；浸泡过程可浸提出玉米籽粒小部分可溶性物质。浸泡是将玉米籽粒浸泡在0.2%～0.3%的亚硫酸中完成。亚硫酸通过对玉米的半渗透，经过种皮进入玉米籽粒内部，使蛋白质分子解聚，角质型胚乳的蛋白质失去了自己的结晶型结构，促进了淀粉颗粒从包围着的蛋白质中释放出来；把一部分不溶解状态蛋白质转变成溶解状态；亚硫酸可钝化胚芽，使之不萌发，因为萌发对提取淀粉是不利的；亚硫酸作用于种皮，增加种皮的透性，可以加速籽粒中可溶性物质向浸泡液中渗透，可溶性物质尽可能集中于浸泡液中，经浓缩后(即玉米浆)这些可溶性物质得到充分利用；亚硫酸还具有防腐作用，它能抑制霉菌、腐败菌及其他杂菌的生命活力。

(2)玉米的破碎及胚芽分离与洗涤

玉米湿磨提取淀粉，就是把胚乳部分在水的参与下磨成乳浆状，然后经过筛分和分离。而磨碎要经过粗磨与细磨；在粗磨之后把经过磨而与胚乳分离的胚首先分离出来。

3.浆料的细磨碎

经过破碎和分离胚芽之后，由淀粉粒、麸质、皮层和含有大量淀粉的胚乳碎粒等组成破碎浆料。在浆料中大部分淀粉与蛋白质、纤维等仍是结合状态，要经过离心式冲击磨进行精细磨碎。

这步操作的主要工艺任务是最大限度地释放出与蛋白质和纤维素相结合的淀粉，为以后这些组分的分离创造良好的条件。

4.渣滓的筛分和洗涤

经过细磨磨碎后的悬浮液，其中含有淀粉、蛋白质、皮层被磨碎后的大小碎屑即粗渣和细渣。这个悬浮液首先要经过筛分把粗渣和细渣分离出去。这道工序是在分离筛上进行的。老的玉米淀粉厂所用的分离筛是离心分离筛，带有筛网的筛分部分呈圆锥状，工作时进行旋转，物料在其中借旋转的功能通过筛网使物料内含物进行分离。现在，国内玉米淀粉生产已开始使用曲筛，筛分效果好、效率高。

5.麸质分离

第一道曲筛的乳液中的干物质是淀粉、蛋白质和少量可溶性成分的混合物，干物质中有5%～6%的蛋白质。离心机分离的原理是蛋白质的相对密度小于淀粉，在离心力的作用下形成清液与淀粉分离，麸质水和淀粉乳分别从离心机的溢流和底流喷嘴中排出。一次分离不彻底，还可将第一次分离的底流再经另一台离心机分离。

6.淀粉的清洗

分离出蛋白质的淀粉悬浮液含干物质量为33%～35%，其中还含有0.2%～0.3%的可溶性物质，这部分可溶性物质的存在，对淀粉质量有影响，特别是对于加工糖浆或葡萄糖来说，可溶性物质含量高对工艺过程不利，严重影响糖浆和葡萄糖的产品质量。

为了排除可溶性物质，降低淀粉悬浮液的酸度和提高悬浮液的浓度，可利用真空过滤器或螺旋离心机进行洗涤，也可采用多级旋流分离器进行逆流清洗，清洗时的水温应控制在49～52℃。

经过上述6道工序、完成了玉米的湿磨分离的过程，分离出了各种副产品，得到了纯净的淀粉乳悬浮液。如果连续生产淀粉糖等进一步转化的产品，可以在淀粉悬浮液的基础上进一步转入糖化等下道工序，而要想获得商品淀粉，则必须进行脱水干燥。

7. 淀粉干燥

干燥因被干燥的对象不同而有许多方法，玉米淀粉的干燥用的是气流干燥法。

气流干燥就是先将脱去大部分水分的湿的玉米淀粉，通过扬升器把它吹送到很高的直立干燥管道中，同时把热空气吹入与飘浮的淀粉颗粒混合，使之受热而排除水分达到干燥的目的，然后用旋风分离器搜集后进入包装。

(二)马铃薯原淀粉的加工工艺

马铃薯原淀粉生产的主要任务是尽可能地打破大量的马铃薯块茎的细胞壁，从释放出来的淀粉颗粒中清除可溶性及不溶性的杂质。

1. 原料的选择

在原料选择中重要的一点是考虑马铃薯淀粉含量，因为直接关系到淀粉的产量。马铃薯淀粉含量与比重有很高的相关性，一般来说，比重大，淀粉含量较高。

2. 原料输送

马铃薯原料的输送主要通过流送槽用 5 倍量的水进行输送，在水力输送过程中可洗除部分杂质，彻底的清洗是在洗涤机中进行，以洗净附着在马铃薯表面的污染物。洗涤机是通过搅动轴上安装的搅动杆，在旋转过程中使马铃薯在水中翻动，以洗净污物。在沙质土壤中收获的马铃薯洗涤时间可短些，为 8～10 min，在黑黏土中收获的马铃薯洗涤时间要长些，为 12～15 min。

3. 磨碎

清洗后的薯块送入磨碎机中磨碎。现在多用旋转的转筒上镶上锯齿形式的擦碎齿条，圆周速度很大，可达 40 m/s。底部有筛网，磨碎效率很高；磨碎后的马铃薯悬浮液由破裂的和未破裂的细胞、细胞液及淀粉颗粒组成。除磨碎机外，也可采用粉碎机进行破碎，如锤片式粉碎机等。

4. 筛分除渣

方法是用水把浆料在不同结构的筛分设备上，用不同的工艺流程进行洗涤。可选用振动筛、离心喷射筛、弧形筛等。粗渣留在筛面上，筛下物包括淀粉及部分细渣的水悬浮液。

5. 分离与精制

用分离筛将渣滓分除后，分出的淀粉乳中含有淀粉和蛋白质等物质。使用碟片式离心分离机把淀粉分离出来，如玉米淀粉生产时使用的一样，几台串联起来，最后得到精制的淀粉。

6. 脱水与干燥

精制后的淀粉乳，如玉米淀粉生产使用的离心脱水机一样脱水，然后进入气流干燥机干燥。

(三)甘薯原淀粉的加工

生产甘薯淀粉的原料有鲜甘薯和甘薯干。鲜甘薯由于不便运输,贮存困难,因而必须及时加工。用鲜甘薯加工淀粉季节性强,甘薯要在收获后两三个月内被加工,因而不能满足常年生产的需要,所以鲜甘薯淀粉的生产多属小型工业或农村传统作坊式。一般工业生产都是以薯干为原料,可实现机械化操作,淀粉的得率也较高。

1. 预处理

甘薯干在加工和运输过程中混入了各种杂质,所以必须经过预处理。方法有干法和湿法两种,干法是采用筛选、风选及磁选等设备,湿法是用洗涤机或洗涤槽清洗除去杂质。

2. 浸泡

为了提高淀粉出率可采用石灰水浸泡。使浸泡液 pH 为 10～11,浸泡时间约 12 h,温度控制在 35～40℃,浸泡后甘薯片的含水量为 60%左右。然后用水淋洗,洗去色素和尘土。

用石灰水浸泡甘薯片的作用是:使甘薯片中的纤维膨胀,以便在破碎后和淀粉分离,并减少对淀粉颗粒的破碎;使甘薯片中色素溶液渗出,留存于溶液中,可提高淀粉的白度;石灰钙可降低果胶等胶体物质的黏性,使薯糊易于筛分,提高筛分效率;保持碱性,抑制微生物活性;使淀粉乳在流槽中分离时,回收率增高,并可不被蛋白质污染。

3. 磨碎

磨碎薯干是淀粉生产的重要工序。磨碎的好坏直接影响到产品的质量和淀粉的收回率。浸泡后的甘薯片随水进入锤片式粉碎机进行破碎。一般采用二次破碎,即甘薯片经第一次破碎后,筛分出淀粉,再将筛上薯渣进行第二次破碎,然后过筛。在破碎过程中,为降低瞬时温度上升。根据二次破碎粒度的不同,调整粉浆浓度,第一次破碎为 3～3.5 °Bé,第二次破碎为 2～2.5 °Bé。

4. 筛分

经过磨碎得到的甘薯糊,必须进行筛分,分离出粉渣。筛分一般分粗筛和细筛二次处理。粗筛使用 80 目尼龙布,细筛使用 120 目尼龙布,在筛分过程中,由于浆液中所含有的果胶体物质易滞留在筛面上影响筛分的分离效果,因此应经常清洗筛面,保持筛面畅通。

5. 流槽分离

经筛分所得的淀粉乳,还需进一步将其中的蛋白质、可溶性糖类、色素等杂质除去,一般采用沉淀流槽。淀粉乳流经流槽,相对密度大的淀粉沉于槽底,蛋白质等胶体物质随汁水流出至黄粉槽。沉淀的淀粉用水冲洗入漂洗池。

6. 碱、酸处理和清洗

为进一步提高淀粉乳的纯度，还需对淀粉进行碱、酸处理。用碱处理的目的是除去淀粉中的碱溶性蛋白质和果胶杂质，用酸处理的目的是溶解淀粉浆中的钙镁等金属盐类，淀粉乳在碱洗过程中往往增加了这类物质，如不用酸处理，总钙量会过高，用无机酸溶解后再用水洗涤除去，便可得到灰分含量低的淀粉。

7. 离心脱水

清洗后得到的湿淀粉的水分含量达50%～60%，用离心机脱水，使湿淀粉含水量降到38%左右。

8. 干燥

湿淀粉经烘房或气流干燥系统干燥至水分含量为12%～13%，即得成品淀粉。

二、淀粉制糖

以淀粉为原料，通过水解反应生产的糖品，总称为淀粉糖。淀粉糖可分为葡萄糖、果葡糖、淀粉糖浆及麦芽糠（含饴糖）四大类。淀粉糖甜味纯正、柔和，只有一定的保湿性和防腐性，又利于胃肠吸收，所以广泛用于食品工业和医疗保健品中。例如淀粉糖浆用于果酱、蜜饯的生产，还能消除“结晶”、“返砂”现象；葡萄糖主要用于医药保健中；饴糖可以再被制成芝麻糖、花生糖等，并在中医学上具有缓冲、补虚、润肺之功效，适合患有糖尿病、心血管病、高血压和动脉硬化等症的病人食用。所以发展淀粉制糖工业，其经济、社会意义重大。

（一）淀粉制糖原理

淀粉是由 D-葡萄糖分子失水以 α-糖苷键连接的高分子多糖。天然淀粉有两种结构，即直链淀粉与支链淀粉。直链淀粉是 D-葡萄糖残基以 α-1,4 糖苷键连接的长链，有 200～980 个葡萄糖残基，卷曲成螺旋形，每个螺旋含有 6 个葡萄糖残基。直链淀粉对碘呈蓝色反应。支链淀粉分子较直链淀粉大，含 600～6 000 个葡萄糖残基，形状如高粱穗，小分支多，每一分支平均含有 20～30 个葡萄糖残基。支链淀粉分支也都是由 D-葡萄糖以 α-1,4 糖苷键连接成链，卷曲成螺旋状，但分支接点上则为 α-1,6 糖苷键连接，分支与分支之间间距为 11～12 个葡萄糖残基，它遇碘呈紫红色反应。

淀粉在酸或淀粉酶催化下发生水解反应，其水解最终产物随所用的催化剂种类而异。在酸作用下，淀粉水解的最终产物是葡萄糖；在淀粉酶的作用下，其产物随酶的种类不同而不同。

1.淀粉的酸水解反应

淀粉乳加入稀酸后加热，经糊化、溶解，进而葡萄糖苷链裂解，形成各种聚合度的糖类混合溶液。在稀溶液的情况下，最终将全部变成葡萄糖。在此，酸仅起催化作用。

2.淀粉的酶法水解

酶解法是用专一性很强的淀粉酶（即糖化酶）将淀粉水解成相应的糖。在葡萄糖及淀粉糖浆生产时应用了 α-淀粉酶与糖化酶（葡萄糖苷酶）的协同作用，前者将高分子的淀粉割断为短链糊精，后者迅速地把短链糊精水解成葡萄糖。

3.糖化酶水解

糖化酶（葡萄糖淀粉酶）能从淀粉 α-1，4 糖苷键结构的非还原性末端开始一个一个地分解，生成葡萄糖；对支链淀粉的分支点也能接近于完全分解程度，仅速度较慢；其同时具有麦芽糖酶的作用，广泛用于葡萄糖生产中。糖化酶最适 pH 为 4.0～4.8，最适温度为 55～60℃。

用淀粉酶法制糖，不需高温（高压），可在中性 pH 下进行，作用温和，无副反应，糖化液色泽浅，糖化结束后不需中和，糖化液中无机盐含量低，不腐蚀设备，且生产出的产品纯度高，因此是淀粉制糖工业广泛应用的方法。

（二）淀粉糖浆生产工艺

淀粉糖浆是淀粉经酸或酶水解时，控制一定的水解程度而制得的产品，是葡萄糖、低聚糖及糊精等的混合物。可采用不同的酸法或酶法水解工艺，任意控制各种糖的比例，所以有低转化糖浆（DE 值在 20% 以下）、中转化糖浆（DE 值 38%～42%）、高转化糖浆（DE 值 60%～70%）之分。中转化糖浆是应用较多的一种，也称标准糖浆，一般采用酸法制作。

1.糖浆加工工艺流程

糖浆加工工艺流程如图 7-1 所示。

淀粉选择 → 调浆 → 糖化 → 中和 → 第一次脱色过滤 → 离子交换 → 第一次浓缩 → 第二次脱色过滤 → 第二次浓缩 → 成品

图 7-1　糖浆加工工艺流程图

2.操作要点

（1）淀粉选择

常选用纯度较高的玉米淀粉。

（2）调浆

在调浆罐（桶）中先加部分水，在搅拌情况下，加入粉碎的干淀粉或湿淀粉。投料完毕，继续加入80℃左右的水，使淀粉乳浓度达到22～24°Bé，然后加入盐酸或硫酸调pH为1.8。调浆时须用软水，以免产生较多的磷酸盐使糖液混浊。

(3)糖化

调好的淀粉乳用耐酸泵送入耐酸加压糖化罐，边进料边开蒸汽。进料完毕后，升压至27～28 kPa蒸汽压力(温度142～144℃)，在升压过程中每升压9.8 kPa，开排气阀约0.5 min，排出冷空气，待排出白烟时关闭，借此使糖化醪翻腾、受热均匀。至升到要求压力时保持压力3～5 min，及时取样测定其DE值(简易快速测定法，取样用2%碘液检查呈酱红色，并与标准色比)达到38～40时，终止糖化。

(4)中和

糖化结束后，打开糖化罐将糖化液吹入中和桶进行中和。中和目的是中和大部分盐酸或硫酸，调节pH到蛋白质的凝固点，使蛋白质凝固，过滤除去，保持糖液清晰。

(5)脱色过滤

中和糖液，冷却至70～75℃，调pH至4.5(此值脱色效果较好)，加入为干物量0.25%的粉末活性炭，随加随搅拌约5 min，压入板框式压滤机或卧式密闭圆筒形叶滤机过滤出清糖滤液。

(6)离子交换

将第一次脱色滤出的清糖液通过阳—阴—阳—阴四个离子交换柱进行脱盐提纯。

(7)第一次浓缩

将提纯糖液调pH至3.8～4.2，用泵送入蒸发罐保持真空度66.66 kPa以上，加热蒸汽压力不超过9.8 kPa，浓缩到28～31 °Bé；出料，进行二次脱色。

(8)二次脱色过滤

二次脱色与第一次相同。二次脱色糖浆必须反复回流过滤至无活性炭粒为止，再调pH至3.8～4.2。

(9)第二次浓缩

此次浓缩与第一次同，只是在浓缩前加入亚硫酸氢钠，使糖液中二氧化硫含量为0.001 5%～0.004%，以起漂白及护色作用。蒸发浓缩至36～38 °Bé出料，即为成品。

二次脱色、过滤、浓缩工序，主要是针对甲级产品而言，乙级产品只需一次脱色即可。

三、变性淀粉

(一)变形淀粉的产生

天然淀粉的可利用性取决于淀粉颗粒的结构和淀粉中直链淀粉和支链淀粉的含量。不同种类的淀粉其分子结构和直链淀粉、支链淀粉的含量都不相同,因此不同来源的淀粉原料具有不同的可利用性。如薯类淀粉,颗粒大而松,水分子易进入,糊化温度低,黏度高,分子大且直链淀粉少,不易分子重排。谷类淀粉,颗粒小而紧,水分子难进去,糊化温度高,黏度低,分子小且直链淀粉多,易重排,另外还含有脂肪,脂肪与直链淀粉结合不易吸收,故易胶凝回生,透明性差。天然淀粉在现代工业中的应用,特别是在广泛采用新工艺、新技术、新设备的情况下应用是有限的。大多数的天然淀粉都不具备有效的能被很好利用的性能,为此根据淀粉的结构及理化性质开发了淀粉的变性技术。

1. 变性淀粉的概念

原淀粉经变性处理,经进一步加工,改变性质,使其更适合于应用的要求,这种产品统称为"变性淀粉",即改变了性质的淀粉。变性的方法有物理方法和化学方法两大类,化学方法是主要的。通过化学反应使淀粉的化学结构发生变化,改变其性质,这种方法生产的变性淀粉又称为淀粉衍生物。

2. 淀粉变性的目的

淀粉变性的目的是:为了适应各种工业应用的要求,如高温技术(罐头杀菌)要求淀粉高温黏度稳定性好,冷冻食品要求淀粉冻融稳定性好,果冻食品要求透明性好、成膜性好等;为了开辟淀粉的新用途,扩大应用范围,如纺织上使用淀粉;羟乙基淀粉、羟丙基淀粉代替血浆;高交联淀粉代替外科手套用滑石粉等。

以上绝大部分新应用是天然淀粉所不能满足或不能同时满足的,因此要变性,且变性目的主要是改变糊的性质,如糊化温度、热黏度及其稳定性、冰融稳定性、凝胶力、成膜性、透明性等。

(二)变性条件

1. 浓度

干法生产一般水分控制在5%～25%;湿法生产淀粉乳含量一般为35%～40%(干基)。

2. 温度

按淀粉的品种以及变性要求不同而不同,一般为20～60℃,反应温度一般低于淀粉的糊化温度(糊精、酶法除外)。

3. pH

除酸水解外，pH 控制在 7～12 范围。pH 的调节，酸一般采用稀盐酸或稀硫酸；碱一般采用 3%氢氧化钠或碳酸钠或氢氧化钙。在反应过程中为避免氧气对淀粉产生降解作用，可考虑通入氮气。

4. 试剂用量

试剂用量取决于取代度（DS）的要求和残留量等卫生指标。不同试剂用量可生产不同取代度的系列产品。

5. 反应介质

一般生产低取代度的产品采用水作为反应介质，成本低；高取代度的产品采用有机溶剂作为反应介质，但成本高。另外可添加少量盐（如氯化钠、硫酸钠等），其作用主要为：避免淀粉糊化；避免试剂分解；盐可以破坏水化层，使试剂容易进入，从而提高反应效率。

6. 产品提纯

干法改性，一般不提纯，但用于食品的产品必须经过洗涤，使产品中残留试剂符合食品卫生质量指标；湿法改性，根据产品质量要求，反应完毕用水或溶剂洗涤 2 或 3 次。

7. 干燥

脱水后的淀粉水分含量一般在 40%左右，高水分含量的淀粉不便于贮藏和运输，因此在它们作为最终产品之前必须进行干燥，使水分含量降到安全水分以下。

目前一般工业生产采用气流干燥，一些中小型工厂也有采用烘房干燥或带式干燥机干燥。

(三)变性淀粉的生产方法

目前，变性淀粉生产的方法主要有湿法、干法、滚筒干燥法和挤压法等几种，其中最主要的生产方法还是湿法。

1. 湿法生产工艺流程

不同的变性淀粉品种、不同的生产规模、不同的生产设备，其生产工艺流程也有较大的区别。生产规模越大，生产品种越多，自动化水平越高，工艺流程越复杂；反之则可以不同程度地简化。

(1)淀粉的变性

淀粉浆用泵通过热交换器送入反应器。反应时用冷水或热水通过热交换器冷却或加热淀粉乳至所需温度，调节好 pH，根据产品要求加入一定量的化学试剂。反应持续时间根据所需变性淀粉的黏度、取代度和交联度来决定。一般 1～24 h 不等。生产过程中，通过测试检查反应结果，达到要求后，立即停止反应，浆料送入放料桶。

(2)淀粉的提纯

浆液由放料桶用泵送到水洗工段,通过多级旋流或分离机串联对淀粉乳进行逆流清洗,淀粉乳经水洗后,过筛送入精浆筒内进入下道工序。

(3)淀粉的脱水干燥

精浆桶淀粉乳进入一个水平转轴的脱水机或三足式离心机内脱水,脱水后湿淀粉经气流干燥器干燥。再经筛分和包装,即为成品。

2. 干法(挤压法)生产工艺流程

(1)淀粉和化学品的准备

袋装或贮罐中的淀粉用气力输送或手工输送送到计量桶中计量;化学试剂预先按一定比例在带有搅拌装置的桶中溶解,并被引射至高速混合器中,于是化学试剂被逐步地分散在淀粉中,继而直接进入干法反应器中。

(2)淀粉的变性反应

淀粉借重力或输送器进入反应器中,反应器可以是真空状态,壳体和搅拌器均为传热体,从而使得热载体和产品之间的温度差为最小。若要降低淀粉黏度也可以加入气体盐酸来进行酸化分解。一旦达到降解黏度,热载体就被冷却。淀粉也随之冷却后倾出。产品经冷却后增湿、混合和包装。

滚筒干燥法生产工艺如下。

(1)淀粉的准备

袋装或贮罐中的淀粉用气力输送或手工运输送到计量桶中计量,配成 19～21 °Bé的淀粉乳,过筛除去杂质,以防损伤滚筒。过筛的精制淀粉乳预热进入下道工段。

(2)淀粉的 α 化

首先用蒸汽将滚筒表面加热至 130～150℃,然后用泵输入预先加热的精制淀粉乳,淀粉乳液在滚筒表面立即被糊化,经小滚筒调节间隙,使滚筒表面形成厚薄一致的薄膜,用液压操作刮刀将滚筒表面淀粉薄膜刮下来。预糊化后的产品再经粗碎、细碎、筛选、混合、包装的过程。

(四)食品加工对变性淀粉的要求

①糕饼类要求变性淀粉保湿性好,能改善制品质地及良好的冻融稳定性。

②面糊和面包粉类要易黏着、胶凝,不会掩盖食物原味,易成型。

③饮料要求高稠度,低甜度,不易吸潮,易溶解,味清淡。对婴儿奶粉及成人营养食品除上述要求外还要求易消化。

④糖果类硬糖要求能调节糖的结晶体,调节糖的黏性;果冻及胶质糖要求胶凝

性好、透明度好，凝胶不易析水，保湿性好；果丹皮类蜜饯制品中要求成型性好，能控制糖分结晶；巧克力则要求有助于降低脂含量，控制糖表面结晶。

⑤色拉酱及涂抹食品如人造黄油、花生酱要求部分替代油脂后仍具有滑爽的口感和良好的稠度，易成型且耐酸、耐热、耐剪切。

⑥冷冻甜食如冰淇淋要求有助于降低脂肪含量，吸水性好，能有效地抑制冰晶长大，能提高制品的抗融性。

⑦肉类加工要求具有很高的持水性，黏性低，耐盐性好。

⑧布丁和派要求有高的光泽度、良好的冻融稳定性，对温度波动和酸碱变化不敏感，口感滑润，具有奶油状的质地，耐剪切，有助于其他成分的分散。

四、膳食纤维简介

近 30 年来，膳食纤维的研究一直是碳水化合物领域内的热门课题，随着现代“文明病”的出现以及对其功能的研究，使人们越来越认识到膳食纤维在营养保健上的重要性，对膳食纤维的研究开发也投入了极大的热情，发达国家已研制出不少品种的膳食纤维和高膳食纤维的食品，颇受消费者欢迎。近年来我国有关报道也不少，但大多数产品的开发还停留在实验室阶段，尚未形成批量生产能力。此外，对膳食纤维的认识，许多人还仅仅理解为粗纤维和纤维素。因此，开展对膳食纤维及其功能食品的研究，对促进人民身体健康有重要的现实意义。

膳食纤维最早被定义为“不被人体消化酶所消化的植物细胞残余”，后又被定义为“不被人体消化酶所消化的非淀粉类多糖”。膳食纤维种类很多，一般分为水不溶性膳食纤维和水溶性膳食纤维两大类：水不溶性膳食纤维是指不被人体消化酶所消化、且不溶于热水的膳食纤维，包括来源于植物的纤维素、半纤维素、木质素、原果胶；来源于海藻的海藻酸钙以及人工合成的羧甲基纤维素等。水溶性膳食纤维是指不被人体消化酶所消化，但可溶于温水或热水的膳食纤维、包括来源于植物的果胶、魔芋甘露聚糖、种子胶、半乳甘露聚糖、阿拉伯胶；来源于海藻的卡拉胶、琼脂、海藻酸钠；来源于微生物的黄原胶以及人工合成的羧甲基纤维素钠和葡聚糖类等。

相关标准

中华人民共和国国家标准淀粉发酵工业用玉米（GB/T 8613—1999）

淀粉类制品卫生标准的分析方法（GB/T 5009.53—1996）

食品中膳食纤维的测定（GB/T 5009.88—2008）

相关网站

http://www.cakeok.cn/

http://www.cof.net.cn/

http://www.chinagrain.cn/

学习项目一 玉米、薯类淀粉加工工艺

学习任务

1.能够列举出目前市场上各类淀粉种类。

2.知道各类淀粉生产中存在的问题,能提出一些改进的建议。

3.熟悉玉米淀粉、马铃薯淀粉、甘薯淀粉的加工工艺。

4.熟悉各类淀粉加工机械设备,并能操作。

完成本学习任务需2学时,本学习任务采用多媒体课堂教学的教学方法。

一、学习准备

课程导入

玉米淀粉如何区分好与坏?

小词典:常见玉米淀粉选购方法

1.以黄玉米为原料的玉米淀粉,颜色应该略白微黄。以白玉米为原料的玉米淀粉,颜色应该洁白且有光泽。工业玉米淀粉比食用玉米淀粉手感粗糙,暗黄且没有光泽。

2.注意执行标准和生产厂家,一般包装上的生产标准号,“工业玉米淀粉”标准号为GB 12309—90,“食用玉米淀粉”标准号为GB/T 8885—1988。

请同学列举选购和食用淀粉时的一些经验或曾出现的问题。

预习单

(一)玉米淀粉加工工艺

①写出玉米淀粉生产工艺流程。

②玉米清理过程中玉米与水要保持(　　)的比例。

③浸泡是将玉米籽粒浸泡在(　　)中完成。

④如何判断玉米浸泡良好?

⑤影响玉米淀粉干燥的因素有哪些?

(二)薯类淀粉加工工艺

①写出马铃薯淀粉加工工序。

②写出甘薯淀粉加工工序。

二、教学实施

在教师的引导下，通过观看教学光盘和多媒体教学，以学习小组为单位完成下列学习页。

学习页

（一）各类植物淀粉的识别

淀粉种类

名称	玉米淀粉	马铃薯淀粉	甘薯淀粉	豆类淀粉	其他
展现形式					
品种					
生产企业					
销售方式					
价格					
学生补充					

课后拓展：生产淀粉企业的经营利润及风险调查。

（二）淀粉加工工艺的学习和探讨

1. 玉米淀粉加工工艺

玉米淀粉的加工工艺流程	
操作要点	
注意事项	

2. 马铃薯淀粉加工工艺

马铃薯淀粉的加工工艺流程	
操作要点	
注意事项	

3. 甘薯干加工淀粉工艺

甘薯干加工淀粉的工艺流程	
操作要点	
注意事项	

课后拓展：对淀粉加工企业提出改进建议。

三、评价与反馈

按照附录的考核单评价。

四、总结与反思

1. 我国淀粉生产现状怎样？存在的问题有哪些？
2. 食用淀粉的营销途径有哪些？存在哪些问题？
3. 淀粉的加工标准有哪些？急需制定的相关生产标准的产品种类有哪些？

五、拓展学习

1. 总结自己学习中还需解决的问题。
2. 进行一次淀粉生产企业的调研。要求有调研方案、调研报告及过程材料。

学习项目二　变性淀粉与膳食纤维的加工工艺

学习任务

1. 通过市场调查及查阅资料了解市场上主要的变性淀粉品种。
2. 了解变性淀粉的生产目的。
3. 掌握淀粉变性的基本原理。
4. 掌握淀粉变性的条件与方法。
5. 了解变性淀粉的生产方法。
6. 了解膳食纤维的定义及组成。

完成本学习任务需 2 学时，本学习任务采用多媒体课堂教学的教学方法。

一、学习准备

课程导入

变性淀粉用途知多少？膳食纤维有哪些生理功能？

小词典：膳食纤维的概念及其生理功能

膳食纤维是一种不能被人体消化的碳水化合物，以是否溶解于水可分为两个基本类型：水溶性纤维与非水溶性纤维。纤维素、半纤维素和木质素是三种常见的非水溶性纤维，存在于植物细胞壁中；而果胶和树胶等属于水溶性纤维，则存在于自然界的非纤维性物质中。

其生理功能有调整肠胃功能，防止便秘，改善肠内菌群和辅助抑制肿瘤作用，缓和有害物质所导致的中毒和腹泻；调节血糖、血脂；控制肥胖；消除外源有害物质。

预习单

1. 生产变性淀粉有何意义？
2. 天然淀粉变性处理的方法有哪些？
3. 淀粉的生产方法有哪几种？
4. 膳食纤维的生理功能有哪些？
5. 生产膳食纤维的原料有哪些？
6. 生产膳食纤维的方法有哪些？

二、教学实施

在教师的引导下，通过多媒体教学，以学习小组为单位完成下列学习页。

学习页

(一)市场上变性淀粉品种的了解

了解市场上变性淀粉品种。

种类	环糊精	白糊精	磷酸酯	直链淀粉	甲基醚	其他
展现形式						
品种名称						
生产企业						
销售方式						
价格						
学生补充						

(二)变性淀粉加工基本原理、条件、方法

1. 变性淀粉加工的基本原理的学习与探讨

项目	反应点	催化剂	反应机理
变性淀粉加工原理			

2. 变性淀粉加工条件的了解

浓度	温度	pH	试剂用量	反应介质	产品提纯	干燥

3. 变性淀粉生产方法的了解

变性淀粉生产方法	湿法生产	干法生产滚筒	干燥法生产
主要工艺要点			
共同点			
区别			

(三)膳食纤维的生理功能、加工方法、在食品中的应用

1. 正确理解膳食纤维的物化特性及生理功能。
2. 了解膳食纤维的加工方法。
3. 膳食纤维在食品中的应用。

膳食纤维在食品中的应用	烘焙食品中	肉制品中	饮料中	调味料中
产品举例				
主要作用				

三、评价与反馈

按照附录的考核单评价。

四、总结与反思

1. 我国有哪些变性淀粉生产企业？企业效益如何？
2. 我国膳食纤维的生产前景怎样？

五、拓展学习

1. 查阅相关资料，写一篇关于变性淀粉应用前景的综述。
2. 查阅相关资料，写一篇关于膳食纤维应用前景的综述。

实训项目一　玉米淀粉加工企业的参观

实训任务

1. 了解整个生产厂房的布局。
2. 能够按照加工流程看懂总控制台的操作程序。

3.清楚各个车间工作内容,明白各车间控制台的操作工序。

4.了解企业工艺管理规定、设备管理制度,了解各车间岗位管理制度、操作规程。

本项目通过去企业参观完成,需4学时。

一、参观准备

(一)企业文化了解

以学习小组为单位,通过网上查阅,了解欲参观企业的信息资料。

(二)参观材料的准备

1.以小组为单位设计企业调查表,一周前打印。

2.检查参观材料的准备情况。

二、参观教学的实施

以小组为单位参观实践,并完成工作页。

工作页

(一)清理、浸泡、洗涤车间参观

项目	清理	浸泡	破碎、胚芽的分离	洗涤
主要工作				
要求				
体会				

(二)磨制与筛分车间参观

项目	细磨	渣滓的筛分	洗涤	淀粉与麸质的分离
主要工作				
要求				
体会				

(三)干燥、包装车间参观

项目	干燥	包装
设备		
主要工作		
要求		
体会		

(四)了解企业文化、管理

1.员工招聘方式、时间。

2.主要岗位、员工要求。

3.保险、工资待遇等。

(五)整理调查表,及时咨询和补充

三、评价与反馈

按照附录的考核单评价。

四、总结与反思

1.本次参观最大的收获。

2.你认为该淀粉加工企业有哪些先进理念和科学管理?哪些地方需要进一步改进。

五、拓展学习

该企业哪些地方需要进一步改进?

专项实验 淀粉酶对淀粉和蔗糖的作用的探索

实验目标

1.初步学会探索酶催化特定化学反应的方法。

2.探索淀粉酶是否能催化这两种化学反应。

完成该实验需要2学时。

一、实验准备

以组为单位准备以下材料。

1.材料用具

试管,大烧杯,量筒,滴管,温度计,试管夹,三脚架,石棉网,酒精灯,火柴。

2.实验试剂的准备

①质量分数为2%的新鲜的淀粉酶溶液。

②质量分数为3%的可溶性淀粉溶液,质量分数为3%的蔗糖溶液,斐林试剂,热水。

溶液配制时注意的问题见下表。

溶液	注意的方面	原因	检验方法	是否合格
蔗糖溶液				
淀粉酶溶液				
可溶性淀粉溶液				

二、实验教学的实施

以小组为单位实验，并完成实验单。

实验单

(一)实验过程

按下表的程序操作完成。

序号	实验操作	试管 1	试管 2
1	注入可溶性淀粉溶液	2 mL	
2	注入蔗糖溶液		2 mL
3	注入新鲜的淀粉酶溶液	2 mL	2 mL
4	将试管放在 60℃热水中	5 mL	5 mL
5	加入斐林试剂	2 mL	2 mL
6	放入大烧杯中加热煮沸	1 min	1 min

(二)实验记录及分析

将测定结果填入下表。

项目	试管 1	试管 2
实验现象		
结果分析		
实验中出现的问题及分析		
方法探索改进意见		

小提示

①蔗糖溶液必须现配现用，以免时间过长后被微生物分解成还原性糖，影响实验效果。实验前可用斐林试剂检验一下现配制的蔗糖溶液，如无红色沉淀产生，则符合实验要求。

②制备的可溶性淀粉溶液，必须完全冷却后才能使用，如果用刚煮沸的可溶性溶液进行实验，就会因温度过高而破坏淀粉酶的活性。

③两支试管保温时，应控制在 60℃左右，低于 50℃或高于 75℃都会降低反应

的速度。

④淀粉酶只催化淀粉分解成麦芽糖。

三、评价与反馈

按照附录的考核单评价。

四、总结与反思

1. 以学习小组为单位，整理出未知问题或内容，并进行讨论。
2. 对本次实验有何改进意见？

五、拓展学习

对本次实验有何改进意见？

实训项目二　实验室加工薯类淀粉

实训任务

1. 全班同学分为四个小组，分别加工马铃薯淀粉、甘薯淀粉各一份。
2. 拟定出加工方案。
3. 要求一周之前拟定加工计划书，并请实践指导教师审阅，通过后可进行加工。
4. 产品符合企业、行业要求。

完成此项任务需 4 学时。

一、实训准备

（一）分组，选定工作岗位

姓名	组号(车间)	岗位(工作分工)	主要工作内容	完成时间

（二）拟定加工计划书

格式自拟，要求能体现材料选择、过程工序、结果分析、产品出率等。

（三）加工设备及器具的准备

（四）加工原料的准备

原料的准备。

种类	品种	产地	颜色	等级	数量
马铃薯					
甘薯					

二、加工实施

以小组为单位加工淀粉，并完成工作页。

工作页

(一)清洗

清洗的要求	
方法及操作要点	
注意事项	
完成情况	

(二)粉碎

粉碎的要求	
方法及操作要点	
注意事项	
完成情况	

(三)过滤

过滤的要求	
方法及操作要点	
注意事项	
完成情况	

(四)精制、脱水

精制、脱水的要求	
方法及操作要点	
注意事项	
完成情况	

(五)干燥

烘烤的要求	
方法及操作要点	
注意事项	
完成情况	

(六)结果分析

项目	马铃薯淀粉	甘薯淀粉
产品出率		
淀粉颜色等性状		
该品种淀粉含量		
加工中出现的问题及分析		
方法探索及改进意见		

三、评价与反馈

按照附录的考核单评价。

四、总结与反思

1. 加工生产中出现过什么问题？怎样解决的？有无更好的方法？
2. 吃苦耐劳方面表现如何？不及哪些同学？

五、拓展学习

总结自己工作中还需解决的问题。

第八单元　粮油休闲食品加工

学习目标

1. 了解我国及休闲食品发展的现状与存在的问题。
2. 知道粮油休闲食品的种类和特点。
3. 知道主要粮油休闲食品的加工工艺。
4. 会加工薯条。
5. 会加工锅巴。

内容结构

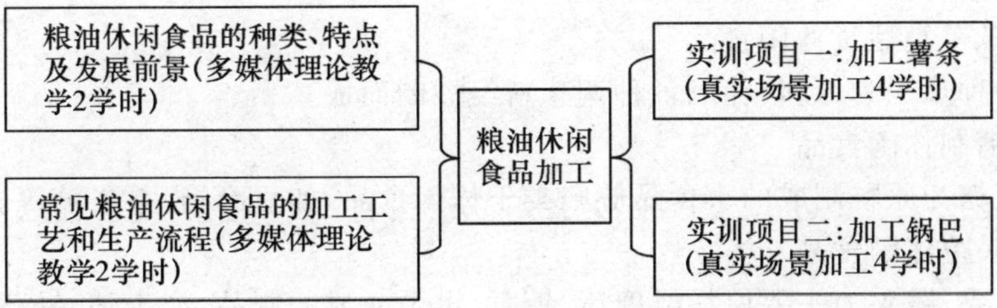

学习资料

一、休闲食品概述

(一)休闲食品的概念与种类

1. 休闲食品的概念

20 世纪 90 年代以来,在食品工业中逐步形成的一个新型加工食品类——休闲食品,被国内外食品专家们誉为 20 世纪后期食品的重要创新,也是 21 世纪食品工业的重点发展方向之一。

休闲食品既有传统的民间手工产品，又有新兴的现代机械化产品。因此，凡是以糖和各种果仁、谷物、水果的果实以及鱼、肉类为主要原料，配之各种香料及调味品而生产的具有不同风味的食品，都称为休闲食品。

休闲食品的特点是风味鲜美，热值低，无饱腹感，清淡爽口，能伴随人们解除休闲时的寂寞，是闲情逸趣的伴侣。它是一种享受型的食品，使人们在休闲时能够获得更为舒适的感觉。因而也就成为人类社会在满足基本营养要求以后的自发的选择结果，是顺应人类社会由温饱型逐渐朝着享受型转轨的时尚食品。

2. 休闲食品的种类

传统的休闲食品门类繁多，历经数百年乃至上千年的更迭和变迁，至今仍保留着一个完整的休闲食品群体。目前，世界上休闲食品品种已超过 12 000 种，按生产原料可分为以下几大类。

(1)果仁类休闲食品

以果仁和糖或盐制成的甜、咸制品。分油炸的和非油炸的。特点是坚、脆、酥、香，如鱼皮花生、椒盐杏仁、开心果、五香豆等。

(2)谷物膨化休闲食品

以谷物及薯类做原料，经直接膨化或间接膨化，也可经油炸或烘烤加工成的膨化休闲食品。如爆米花、日本米果等。

(3)瓜子类炒货休闲食品

以各种瓜子为原料，辅以各种调味料经炒制而成。

(4)糖制休闲食品

以蔗糖为原料制成的小食品应归类于休闲食品，如豆酥糖、桑塔糖等。

(5)果蔬休闲食品

以水果、蔬菜为主要原料经糖渍、糖煮、烘干而成的制品，如杏脯、果蔬脆片、话梅等。

(6)鱼肉类制休闲食品

以鱼、肉为主要原料，用其他调味料进行调味，经浸、煮、烘等工序而生产出的熟制品，如各种肉干、烤鱼片、五香鱼脯等。

可见，在休闲食品中，以粮油籽粒为原料的占 2/3，如果按产品的种类及产量来比较，粮油类休闲食品占 50%左右。

(二)我国休闲食品的发展现状与趋势

1. 我国休闲食品行业发展现状

自 20 世纪 90 年代开始，休闲食品进口数量和种类逐渐增多，历经 20 年，我国休闲食品市场发生了翻天覆地的变化，休闲食品表现出以下几个主流方向。

(1)越来越贴近消费者的饮食习惯和心理

①便于咀嚼，利于下咽和消化，如膨化类产品。

②满足求新、求变心态，统一产品，风味多样。

③健康。消费者对产品的原料配方越来越重视。

(2)从人的购买和消费习惯与心理来看，要赏心、悦目、满足支配心

①方便性。包装、食用方法要体现休闲的概念。

②时效性。满足年轻人的个性化需求。

③可观性。休闲是一个全面的概念，不但要好吃还要好看，包装既要精美又要体现产品的特色，还要包含时尚的元素。

(3)行业法规的健全促进了产品质量的提升

①食品卫生准入制度，保证了更卫生更放心的生产环境，对进入门槛相对低的食品来讲无疑是抬高了门槛，客观上改善了行业环境。

②区域化、民族化特色产品显现，而且发展迅速。近年来，休闲食品产品标准化、区域之间的同质化将逐步改善，同时，一些传统的、民族的休闲食品越来越被消费者追捧。

③从绿色食品标准的推进情况来看，绿色消费最终将成为世界大势，因此在休闲食品行业人们将更关注原料来源及生产环境的状况。

2.我国目前休闲食品存在的问题

近几年，中国休闲食品销售额已过 6 亿元，产品以谷物膨化食品为主，年产量约 20 000 t，其生产能力已初具规模，如果以消费 20 000 t 计算，我国平均每人消费量仅为 16.6 g，消费水平极低，这主要是因为以下几点。

(1)品种单一，休闲食品呼唤多元化

相关资料表明，目前我国休闲食品发展不错的是谷物膨化类，一直受市场欢迎的果脯蜜饯类则由于人们对食品卫生的要求越来越高而发展缓慢，而其他几类休闲食品也没有形成规模。据英国 Leatherhead 食品研究协会的最近统计数字表明，世界休闲食品市场的年销售额超过 400 亿美元，而马铃薯片占销售总额的 50%。在休闲食品发展的过程中，人们对休闲食品的认识不断提高，目前国内休闲食品发展的单一性已无法适应市场发展的变化。

(2)风味一般，在营养、功能、口味、纯天然等方面都还不太尽如人意

人们对休闲食品从量求变为质求，纯天然、健康、营养的休闲食品已成为休闲食品市场的新主流。而我国大量的此类产品在食品卫生方面把关不是太严。

(3)包装容量过大,包装缺乏新意

德尔薯业的有关人士表示,休闲食品的外包装设计一定要新颖、用料考究、气派,无论是在商场、超市或是其他任何售点摆放都能起到醒目和促进消费者食欲和购买欲望的效果。休闲食品的包装不但富有感情色彩,也要富有激情和浪漫情调,同时要体现一种文化。

一些包装专业人士认为,虽然半透明的休闲食品包装材料能给消费者带来新奇感,但使用这些材料成本不可避免地要升高。在休闲食品包装市场,柔性包装材料必须在最终产品和产品形式方面进行更多的革新,以便同目前广泛应用的筒式包装相抗衡,而金属化膜包装材料仍然是休闲食品保鲜最稳妥可靠的方法。

(4)传统的饮食习惯之安全性、营养性和现代的休闲概念之注重口味需求尚待成功嫁接

影响休闲食品业的发展主要有两个重要因素,一个是传统的休闲食品的质量和种类,另一个是消费者吃休闲食品的场合。这里说的"吃休闲食品的场合"是指那些休闲食品消费占主导地位的活动,例如运动会或各种聚会。据美国休闲食品协会调查所得,"人体内大约30%的卡路里来自一日三餐之外的零食。"

在国内,随着各种形式聚会的增多和各种休闲场合的大量出现,给休闲食品提供了非常好的发展机会,而有关企业在休闲食品的前期研发中,一定要考虑这两个方面对销售的影响。对于休闲食品,消费者的感觉体验比较重要。

3.我国休闲食品发展的趋势

①不断扩大品种范围,推出新颖产品。

②把提高产品风味作为首要的研究内容;引进国内外先进加工技术,谷物膨化的生产方式转向"预糊化、间接糊化"的新工艺。

③改进包装。

④休闲食品企业走规模经营、产业化之路,培育一批各具特色的名、优、特产品。

目前,直接进口的休闲食品还不算多,如果以万吨计算,我国平均每人消费量仅为16.6 g,消费水平极低,发展速度不能令人满意。数据表明美国的炸薯片及休闲类不包括其他休闲食品年销售额达57.21亿美元,人均年消费量达2.6 kg。如果对比一下,中美人均消费差距为150倍左右。这些数据使得我们有理由相信中国的休闲食品市场潜力是巨大的,休闲食品发展空间是广阔的。

二、膨化休闲食品

膨化食品，国外又称挤压食品、喷爆食品、轻便食品等，是近些年国际上发展起来的一种新型食品。它以谷物、豆类、薯类、蔬菜等为原料，经膨化设备的加工，制造出品种繁多，外形精巧，营养丰富，酥脆香美的食品。因此，独具一格地形成了休闲食品的一大类。

由于生产这种膨化食品的设备结构简单，操作容易，设备投资少，收益快，所以发展得非常迅速，并表现出了强大的生命力。

由于用途和设备的不同，膨化食品有以下三种类型：一是用挤压式膨化机以玉米和薯类为原料生产小食品；二是用挤压式膨化机以植物蛋白为原料生产组织状蛋白食品(植物肉)；三是以谷物、豆类或薯类为原料，经膨化后制成主食。膨化休闲食品大多属于第一类。

(一)膨化食品的制作原理

1. 膨化原理

当把粮食置于膨化器以后，随着加温、加压的进行，粮粒中的水分呈过热状态，粮粒本身变得柔软，当到达一定高压而启开膨化器盖时，高压迅速变成常压，这时粮粒内呈过热状态的水分便在瞬间汽化而发生强烈爆炸，水分子可膨胀约 2 000 倍，巨大的膨胀压力不仅破坏了粮粒的外部形态，而且也拉断了粮粒内在的分子结构，将不溶性长链淀粉切断成水溶性短链淀粉、糊精和糖，于是膨化食品中的不溶性物质减少了，水溶性物质增多了。

2. 膨化工艺的特点

(1)改变了原料的物质状态和性质，并产生了新的物质

膨化后除水溶性物质增加以外，一部分淀粉变成了糊精和糖。膨化过程改变了原料的物质状态和性质，并产生了新的物质，也就是说运用膨化这种物理手段，使制品发生了化学性质的变化，这种现象给食品加工理论研究提出了一个新的课题。

(2)提高了消化吸收率

把食品中的淀粉分解为糊精和糖的过程，一般是在人们的消化器官中发生的，即当人们把食物吃进口腔后，借助唾液中淀粉酶的作用，才能使淀粉裂解，变成糊精、麦芽糖，最后变成葡萄糖被人体吸收，而膨化技术起到了淀粉酶的作用，即当食物还没有进入口腔前，就使淀粉发生了裂解过程，从这个意义上讲，膨化设备等于延长了人们的消化道。这就增加了人体对食物的消化过程，提高了膨

化食品的消化吸收率。因此，可以认为膨化技术是一种科学的、理想的食品加工技术。

(3)解决了淀粉类食品的“老化”的问题

膨化技术的另一特点是，它可以使淀粉彻底α化。以前使食品成熟的热加工技术如烘烤、蒸煮等，也可以使食品的生淀粉即β淀粉变成α淀粉，即所谓的α化。但是这些制品经放置一段时间后，已经展开的α淀粉，又收缩恢复为β淀粉，也就是所谓“回生”或“老化”。这是所有含淀粉的食品普遍存在的现象。这些食品经“老化”后，体形变硬，食味变劣，消化率降低。这是由于淀粉α化不彻底。

(二)膨化休闲食品的特点

1.保留了原料中营养成分和膳食纤维、赋予产品新的风味

膨化食品是直接使用农产品原料如玉米，或谷类作物初级加工品如玉米粗粉、大米粗粉等加工而成，由于在加工中受到(机械性、热性等)破坏少，基本保留原料中营养成分和风味，如谷物类中所含蛋白质、脂肪、糖、膳食纤维、维生素、玉米香味等，特别是基本保留对人体有保健作用的膳食纤维。另外，制作时不需要加工助剂，减少了污染物。添加不同的香料后，膨化食品的酥脆和丰满的清香口感非常诱人，在休闲、娱乐和朋友聊天中食用这种小食品时，既增加人们的融洽气氛、乐趣，又不知不觉摄取了这种易于消化的保健成分。美国人甚至说，学生在课外学习和做作业时食用这种小食品可提高效率。

2.原料来源广泛，成本低

几乎所有的谷类作物都可经过挤压制成膨化食品，但现在以大米和玉米粗粉使用最多，两者膨化效果最好，价格便宜。大米粉膨化食品较脆，口感清淡，易被添加的香料调制成所需要的风味。而玉米粉带有较明显的玉米香味，在选择香料添加剂或配料成分时需要与之协调，否则口感不好。高粱粉膨化效果也很好，但它含有较高的色素，成品的深暗颜色不能被人们接受。近年研究发现，膨化原料中直链淀粉和支链淀粉比例必须适当才能得到好的产品，通常淀粉中直链淀粉含量为5%～20%较好。直链淀粉在挤压机内容易调整到有利于膨化的方式从模板孔排出，从而提高膨化率。支链淀粉没有这种特性，支链淀粉含量过高时，产品容易破碎，成品碎片多。化学变性淀粉如交联淀粉、预糊化淀粉、磷酸盐淀粉、醋酸盐淀粉、烃甲基衍生物等是膨化性很好、味道也清淡的原料，适于添加各种配料和香料，但是其价格较高。马铃薯淀粉和木薯粉也是很好膨化原料。

3. 品种多，风味好

近几年，调味膨化食品迅速发展，市场调查结果显示，奶油味约占88.8%，辛辣味占3.6%，番茄酱味占0.4%，其他味占7.2%。而且生产上根据消费者对膳食纤维的需求，通过添加动物蛋白（乳酪蛋、乳清等）作为结合剂提高膨化食品纤维含量，使膳食纤维含量增至30%左右，产品的结构及口感和一般膨化食品一样。

（三）膨化休闲食品的制作方法

按膨化加工的工艺过程分类，食品的膨化方法有直接膨化法和间接膨化法。

1. 直接膨化法

直接膨化法是指把原料放入加工设备（目前主要是膨化设备）中，通过加热、加压再降温减压而使原料膨胀化，原料经挤压机模具挤出后，直接达到产品所需的膨化度、熟化度和产品造型，产品只需依据其不同的特点及需求，在挤压膨化后进行调味和喷涂，而不需要其他后期加工，这类产品的膨化率较高，密度较低、质地较轻，但质构不太均匀，产品中局部有较大的气室，也有密实部分，形状也比较简单。

（1）直接膨化的工艺流程

直接膨化的工艺流程如图8-1所示。

原辅料混合及输送→（挤压）膨化→切断→干燥→包装→成品

图8-1　直接膨化的工艺流程图

（2）操作工序

①原辅料混合及输送：通常用螺旋叶片式混合机进行混合，首先按原料配方称取干物料加入混合机搅拌混匀，接着加入水和液体物料进行搅拌混合，混合时间一般为5～20 min，使水分含量分布均匀，若原料中水分含量不均匀，挤出的产品质量不稳定，甚至会产生劣质产品或堵塞机器，物料水分调整后的含水量一般为13%～20%。

当采用双螺杆挤压机时，可不进行预润湿处理，水能直接计量进入挤压机内。双螺杆会产生充分的混合效果，使水分均匀分布。

②膨化物料在挤压膨化机中的膨化过程大致可分为如下两个阶段：

a. 挤压剪切阶段。物料进入挤压剪切阶段后，由于螺杆与螺套的间隙进一步变小，物料继续受挤压，当空隙完全被填满之后，物料便受到剪切作用使物料团块断裂产生回流，回流越大，则压力越大。此阶段物料的物理性质和化学性质由于强大的剪切作用而发生变化。

b.挤压膨化阶段。物料经挤压剪切阶段的升温进入挤压膨化阶段，由于螺杆与螺套的间隙进一步缩小，剪切应力也急剧增大，物料的晶体结构遭到破坏，产生纹理组织。由于压力和温度也相应急剧增大，物料成为带有流动性的凝胶状态。此时物料从模具孔中被排出到正常气压下，物料中的水分在瞬间蒸发膨胀并冷却，使物料中的凝胶化淀粉也随之膨化，形成了无数细微多孔的海绵体，体积膨大几倍到十几倍。

③切割挤压机对谷物进行挤压蒸煮：呈塑性熔融体的物料在压力作用下从模孔中挤出，物料膨化形成一定的形状，切割装置将连续的出料切成所需大小的产品。

④干燥：含水量为15%～20%的原料，挤压后产品的含水量降至8%～12%，一般需进行干燥，使水分降到5%以下，以形成松脆的质地和延长货架保质期。由于膨化产品密度小，较短的干燥时间就可达到干燥要求。

⑤喷涂：干燥过的膨化产品，在外层喷涂一层调味品，或包被一层巧克力等浆料，即成为不同风味的直接膨化型谷物休闲食品。

2.间接膨化法

间接膨化法要先用一定的工艺方法制成半熟的食品毛坯。工艺方法可用挤压法，一般是挤压未膨胀的半成品，也可以不用挤压法，而用其他的成型工艺方法制成半熟的食品毛坯。

半成品经干燥后的膨化方法主要是除挤压膨化以外的膨化方法，如微波、油炸、焙烤、炒制等方法。

(1)间接膨化法工艺流程

间接膨化法工艺流程如图8-2所示。

进料混合→挤压成坯→干燥→膨化(油炸或烘烤)→喷涂→包装→膨化食品

图8-2 间接膨化法工艺流程图

(2)操作要点

①进料混合：原辅料计量称重后，在螺旋桨叶混合机中混合，或者通过连续计量式预调质器中混合。一些装置能在此阶段产生蒸煮效应，而在下一阶段仅需一台低剪切成型挤压机，就可以进行挤压成型加工。

②挤压成坯：含水量在30%～40%的物料在高剪切挤压机中蒸煮预糊化后，在温度低于100℃的低剪切成型机中挤压成型，由于不产生膨化或仅产生少许膨化，挤出物基本保持模板的形状，物料离开模板后被安装在模板表面的切割装置切

成所需的形状。物料被挤成连续的面带，再通过切割器切成矩形和三角形等不同的形状。

③干燥：成型后的产品含水量在18%～20%，需干燥至含水量12%以下。

④膨化（微波或油炸）：

a. 微波膨化。微波加热速度快，物料内部气体（空气）温度急剧上升，由于传质速率慢，受热气体处于高度受压状态而有膨胀的趋势，达到一定压强时，物料就会发生膨化。

b. 油炸膨化。油炸膨化时淀粉在糊化老化过程中结构两次发生变化，先α化再β化，使淀粉粒包住水分，经切片、干燥脱去部分多余水分后，在高温油中过热水分急剧汽化喷射出来，产生爆炸，使制品体积膨胀许多倍，内部组织形成多孔、疏松海绵状结构，从而形成膨化食品。

油炸温度通常为170～210℃，油炸时间10～60 s。

影响油炸膨化产品质量的因素如下。

糊化：淀粉粒在适当温度(60～80℃)下，在水中溶胀，分裂，形成均匀糊状溶液的作用称为糊化作用。只有充分糊化但又没有解体的淀粉，分子间氢键大量断开，充分吸水，为下一步老化时淀粉粒高度晶化包住水分，从而为造成可观的膨化度奠定基础。

老化：膨化后的淀粉在2～4℃下放置1.5～2 d变成不透明的淀粉，在老化过程中，糊化时吸收的水分被包入淀粉的微晶结构，在高温油炸时，造成淀粉微晶粒中水分急剧汽化喷出，使淀粉组织膨胀，形成多孔、疏松结构，达到膨化的目的。

干燥：产品中水分含量直接影响到产品膨化度的大小。因此干燥水分含量的控制是非常重要的。如果干燥后制品中水分含量过多，油炸膨化时，很难在短时间内将水分排出，造成制品膨化不起来，口感发软、不脆，破坏了产品的特色。若水分含量太低，油炸时又很难在短时间内形成足够的喷射蒸汽将食品组织膨胀起来，也会降低产品的膨化度。因此，干燥时间选择7 h，水分含量最为适宜。

⑤喷涂及包装：膨化后的产品含水量在1%～2%，通常在一个涂料转鼓中进行喷涂调料，或包被一层巧克力浆料即为成品。

3. 膨化设备及操作要点

(1)单螺杆挤压膨化机

其特点是设计简单，制造容易，价格便宜，动力匹配较小，可以生产各种膨化食品、速食食品以及用于植物蛋白等的膨化，因而得以广泛应用。但其在性能上还存在以下不足之处：靠机械挤压自热或电能加热物料，温度和压力不易控制，只能膨化脂肪含量低并具有一定颗粒度的谷物，膨化时易产生倒粉现象，膨化前不易调味，必须在膨化产品的表面喷洒调味液或调味料，物料充填系数低，物料易黏附在螺杆上，造成堵塞，设备使用一段时间后要更换易损件，停车后重新开机需清理机膛，并且工作时所输送的物料受压缩时有向后滑流的倾向。膨化过程中的温度和压力等条件难以按工艺条件要求严格控制。

(2)双螺杆挤压膨化机

双螺杆配合采用完全啮合型，物料不会堆积在两螺旋之间造成阻塞，当物料中断或停车后不用清理，仍能继续运行。其旋转方向有同向和异向两种，通常采用同向。同向旋转可以提高物料运转速度，使物料均衡分布。双螺杆挤压膨化机对物料的剪切效果好，其压力、温度的建立主要依靠外界加热，故机器的磨损较小。它除了单螺杆挤压膨化机加工的品种都可加工以外，特别适于处理含水、含油较高的物料以及胶黏性原料。

双螺杆挤压机靠正位移原理输入物料，进行强制输送，很少形成压力回流。物料在控温条件下的输送、压缩、混合、混炼、剪切、熔融、杀菌、膨化、成型等，加工在极短的时间内全部完成。

(3)挤压膨化机的操作与维护

挤压膨化机在操作时应注意以下几方面的问题。

①挤压膨化机生产前的检查和准备：新机和使用后的挤压机运转结束后均须拆下模头等零件对内部进行清理，开机前要按生产产品的要求配以相应的螺杆、筒体和模头，并检查机器的各部分是否正常。

②挤压膨化机的启动：挤压膨化机与一般设备不同，不是一开车就能进入正常运行状态，而需 20～60 min 的启动调整过程，一个非常熟练的优秀操作工也需要 10～20 min 才能使挤压膨化机生产进入正常状态，挤压膨化机的启动时间应尽可能短些，但启动时间过短很容易使机器在未达到正常状态就发生异常，以致被迫停机。

主机启动后应立即把物料送入挤压机中去，避免螺杆与筒体发生长时间的直接摩擦，等到螺杆把物料向前推进充满筒体，并从模孔中挤出之后，喂料量才能逐渐增加。喂料量每隔 1～2 min 少量缓慢地增加，同时相应调节加水量，逐步达到最终产品要求的正常运行状态。

由于要达到热平衡需要一个较长的时间，操作工在调节温度、喂料量、转速等参数时要逐步进行，不可操之过急，因为它们的变化有一个滞后的过程。在达到预定要求时还要观察产品的组织结构、口感等是否符合要求，进行检查并及时进行微调。

③稳定运行:由于挤压膨化机启动时间长,所以在稳定运行后连续生产时间尽量长些为好,以提高其实际生产量。当生产进入稳定运行状态后,各种变化相对比较缓慢,但操作工仍要注意观察各参数的变化。如发现参数变化须及时调整有关的自变量,调整时切记不能进行快速大幅度调整,防止挤压膨化机出现工作状态失控,造成运行困难和被迫停机。

④故障处理:通常的工作故障是由自变量的变化引起的,如喂料量、加水量、加热量等,或者是尚未达到正常工作状态及热平衡状态。例如,如果喂料斗中结拱,就会造成喂料量减少或断料,导致挤压膨化机工作波动。再如,物料组分在输送过程中离析或粒度发生变化也会影响机器的正常工作和产品质量。当发现传动功率迅速增加时,可采取将喂料量稍微减少或加水量稍微增加的方法。当发现膨化率下降、膨化质量差时,可增加挤压温度或适当降低物料含水量。当发现膨化过度时,可降低挤压温度或增加物料含水量。产品形状不规则大多是因为物料与水分混合不均匀或模孔设计布置不合理,造成各模孔处的压力不等,导致通过模孔的流速不同所致。要消除这种现象,模孔各处的压力和流速必须相同,原料加水混合均匀,否则就很难避免。

对于"蒸汽反喷"的处理,一般在正常工作状态时,高温挤压过程产生的蒸汽不会从喂料口逸出。一旦蒸汽沿螺杆由进料口逸出,这种现象就叫"蒸汽反喷"。这种蒸汽流动干扰了螺旋槽内被挤压物料的前进,会造成短时间内出料减少或不出料,处理方法是冷却筒体。特别是降低出料端筒体的温度或增加喂料量。

⑤停机和清理:停机时先向物料中加进过量的水,或者用特配的高水分物料更换原来的物料,停止外加热的热源,降低出料温度到100℃以下再终止喂料,但挤压机仍需继续低速运转直到模孔不出料为止。挤压机停转后须拆下模头(操作者须戴隔热手套,并注意机体温度和机内压力,以免烫伤或伤人),然后再低速启动螺杆,在敞开出料端情况下把机筒内剩余物料全部排出为止。对于单螺杆挤压机,由于其本身具有自洁能力,物料不可能自己排净,还必须分段拆下筒体与螺杆进行清洗。

⑥挤压膨化机的维护:根据不同型号和不同产品,维修的内容和时间也不一样,应注意以下几点。

定期检查传动系统、润滑冷却系统的油位和密封情况,以保证传动箱的润滑和冷却效果,同时保证润滑油和物料两者的隔离,不允许相互污染。

及时更换磨损的模头、切割器的切刀等易磨损的零件。

三、谷物膨化休闲食品加工

谷物膨化休闲食品是以谷物类原料玉米、小麦、大米、燕麦、荞麦、黑麦、高粱等，通过挤压、调味、烘焙而成，同时由于调味时可调出原味、烧烤味、牛肉味、鸡汁味、鲜虾味等各种口味，挤压时可制作成各种形状，如片状、豌豆状、条状、球状，使得这类产品用同一条生产线可生产出几十个品种，因而具有极大的发展潜力。

谷物膨化休闲食品风味鲜美、轻质疏松、香脆可口、营养丰富、无饱腹感，易于消化，能伴随人们解除休闲时的寂寞，成为人们在满足基本营养要求以后的自发的选择结果，是顺应人类社会由温饱型逐渐朝着享受型转轨的时尚食品。谷物膨化休闲食品被认为是21世纪的市场热点产品，作为儿童零食的需要、成年人休闲时的要求，以及老年人闲趣的必需品都将使它的消费量有所增加，因此在今后食品市场上，谷物膨化休闲食品将占据重要之地。

（一）米果类膨化食品的加工

米果起源于日本，但近年来我国的生产量提高很快，在膨化食品中占重要地位。米果以大米为原料，其含糖量低，仅1.5%～2%，基本不含油脂，口感松脆清淡，米香浓郁，我国市场上的米果产品主要有仙贝、雪饼、米饼干等，虽名称各异，但同属米制休闲食品。

1.米果的分类

按原料分可以将米果分为粳米米果和糯米米果，按质地分可以将米果分为疏松型、紧密型和处于两者之间的中间型。大多企业都根据自己的特色给予米果新的名称，如旺旺仙贝、旺旺雪饼等。

疏松型米果的口感松脆，制品的比体积较大，以粳米为原料的疏松型米果的比体积在4.0 mL/g以上，以糯米为原料的疏松型米果的比体积在3.5～4.5 mL/g，紧密型米果的口感较硬，以粳米为原料的紧密型米果的比体积在2.0～2.5 mL/g。中间型米果主要是用糯米为原料加工的，比体积在2.5～3.5 mL/g。

2.米果制作工艺

(1)糯米米果的制作工艺

糯米米果的制作工艺如图8-3所示。

糯米 → 淘洗 → 浸米 → 沥水 → 蒸煮 → 捣制 → 冷却 → 成型 → 干燥 → 烘烤 → 调制 → 成品

图8-3 糯米米果的制作工艺图

①洗、浸米：先用洗米机把大米充分淘洗干净，在水中浸米 6～12 h，浸好的米倒在金属丝网上沥水大约 1 h，沥水后米粒水分在 30%～34%。

②煮、捣制、冷却：使用蒸笼或蒸米机，在 96～100℃下蒸米 15～25 min，蒸好的米饭存放数分钟，稍加冷却后用捣饭机捣制成粉团状，将粉团急冷至 2～5℃放置 2～3 d 硬化(老化)，硬化后的粉团水分在 40%左右。

③成型、干燥：粉团老化后经成型机压片、切块、切条，制成米果坯，米果坯通过带式热风干燥机干燥，热风温度控制在 30℃左右，干燥后米果坯的水分降至 20%左右。

④烘烤、调制：将干燥后的米果坯放入烤炉中，炉温 200～260℃。焙烤至表面色泽变深，并产生独特芳香味。将预先调制好的调味液经调味机喷涂在米果表面，必要时还需要进行干燥。

(2)粳米米果的制作工艺

粳米米果的制作工艺如图 8-4 所示。

粳米→淘洗→浸米→沥水→制粉→蒸捏→冷却→成型→干燥→烘烤→调味→成品

图 8-4　粳米米果的制作工艺图

①淘洗、浸米：粳米淘洗后在水中浸米 6～12 h，浸好的米在金属丝网上沥水大约 1 h，米粒水分在 20%～30%。

②制粉、蒸捏：沥水后的粳米进入粉碎机粉碎至 60～250 目，如加工疏松型的制品可粗一些，加工紧密型的制品则应细一些。选用带搅拌桨叶的蒸捏机先在米粉中加水调和，再通蒸汽加热，蒸煮捏合，110℃下蒸捏 5～10 min，使米粉糊化，水分含量达到 40%～45%。

将糊化后的米粉团经螺旋输送机送入长槽中，槽外通以 20℃的冷却水进行冷却，将米粉团冷却至 60～65℃。

③干燥：冷却后的米粉团经成型机压片、切块、切条制成米果坯，米果坯通过带式热风干燥机进行第一次干燥，热风温度为 70～75℃，干燥后米果坯的水分控制在 20%左右，然后在室温下放置 10 h 左右，粳米果坯内部的水分转移，达到平衡后再进行第二次干燥，仍用 70～75℃热风，干燥后米果坯的水分在10%～12%。

④烘烤、调味：二次干燥后的米果坯放入烤炉中烘烤，炉温 200～260℃下烤制成熟。

将调味液经调味机喷涂在米果上，必要时还需进行干燥。另外，还可选用糯米做原料，按照粳米米果的工艺流程加工，区别在于干燥后米果坯的水分控制在20%左右。

(二)锅巴的加工

锅巴是用大米、小米、淀粉、棕榈油等为主要原料，经科学方法精制而成。它香酥可口，营养丰富，余味深长，既可作为下酒小吃，又可烹调菜肴，老少皆宜，深受少年儿童的欢迎。

1. 大米锅巴的加工

(1)原辅料配方

大米 500 g、棕榈油 150 g、淀粉 62.5 g、氢化油（或起酥油）10 g。

(2)不同风味的调味料配方

牛肉风味：牛肉精 0.6%，五香粉 0.3%，味精 0.3%，糖 0.3%，盐 1.5%。

咖喱风味：盐 1.5%，咖喱粉 1%，味精 0.3%，丁香 0.05%，五香粉 0.3%。

(3)工艺流程

工艺流程如图 8-5 所示。

淘米→煮米→蒸米→拌油→拌淀粉→压片→切片→油炸→喷调料→包装

图 8-5　大米锅巴的生产工艺流程图

(4)操作要点

①淘米、煮米：用清水将米淘洗干净，去掉杂质和砂石，将清洗干净的米放入锅中煮成半熟，捞出。

②蒸米、拌油：将煮成半熟的米放入蒸锅中蒸熟，加入大米原料的 2%～3%的氢化油或起酥油，搅拌均匀。

③拌淀粉：淀粉和蒸米的比例为 1∶(6～8)，拌淀粉温度为 15～20℃，搅拌均匀。

④压片、切片：用压片机将拌好的料压成 1～1.5 mm 厚的米片，压 2～4 次即成。将米片切成长 3 cm、宽 2 cm 的片。

⑤油炸、喷调料、包装：油温控制在 240℃左右，时间 3～6 min，炸成浅黄色捞出，控去多余的油。调味料提前按上述配方配好，调料要干燥，粉碎细度为 60～80 目，喷撒要均匀。每袋装 75～80 g，用热合机封合。

(5)质量标准

外观整齐，颜色浅黄色，无焦糊状和炸不透的产品。香酥，不粘牙。产品表面调味料喷撒均匀。

2.小米锅巴的加工

(1)原辅料配方

小米 90 kg,淀粉 10 kg,奶粉 2 kg。

(2)调味料配方

海鲜味:味精 20%,花椒粉 2%,盐 78%。

麻辣味:辣椒粉 30%,胡椒粉 4%,味精 3%,五香粉 13%,精盐 50%。

孜然味:盐 60%,花椒粉 9%,孜然 28%,姜粉 3%。

(3)工艺流程

工艺流程如图 8-6 所示。

米分、淀粉、奶粉 → 混合 → 加水搅拌 → 膨化 → 晾凉 → 切段 → 油炸 → 调味 → 称量 → 包装

图 8-6　小米锅巴的生产工艺流程图

(4)操作要点

①首先将小米磨成粉,再将原辅料按配方在搅拌机内充分混合,在混合时要边搅拌边喷水,可根据实际情况加入约 30%的水。在加水时,应缓慢加入,使其混合均匀成松散的湿粉。

②开机膨化前,先配些水分较多的米粉放入机器中,再开动机器,使湿料不膨化,容易通过出口。机器运转正常后,将混合好的物料放入螺旋膨化机内进行膨化。如果出料太膨松,说明加水量少,出来的料软、白、无弹性。如果出来的料不膨化,说明粉料中含水量多。要求出料呈半膨化状态,有弹性和熟面颜色,并有均匀小孔。

③将膨化出来的半成品晾几分钟,然后用刀切成所需要的长度。

④在油炸锅内装满油加热,当油温为 130～140℃时,放入切好的半成品,料层约厚 3 cm。下锅后将料打散,几分钟后打料有声响,便可出锅。由于油温较高,在出锅前为白色,放一段时间后变成黄白色。

⑤当炸好后的锅巴出锅后,应趁热一边搅拌,一边加入各种调味料,使得调味料能均匀地撒在锅巴表面上。

(三)爆玉米花简介

爆玉米花属于常压膨化食品,爆花得率在 98%以上,在口感方面,高质量爆玉米花应酥脆,具有玉米的香味,残留皮层少。

爆玉米花是美国出现最早的膨化快餐食品,在美国已形成一个大的食品产业,从原料品种、加工品开发、加工工艺、包装容器、膨化机、标准等形成一个完

整系统，并不断进行研究和提高。由于爆玉米花营养全面、价格便宜、口感佳，易制作，所以在美国特别流行，美国是世界上最大爆玉米花消费国，人均年消费28 kg，70％爆玉米花在家庭消费，其他则消费在学校、影剧院，娱乐场所和体育场馆等处。特别是微波炉的普及，促进家庭用微波爆花玉米的快速发展，现在微波爆花玉米销售量已大大超过即食爆玉米花（已爆成的袋装玉米花）销售量。

爆玉米花有两种形状：球形（或叫做蘑菇形）和蝴蝶形。现在生产厂家都喜欢蘑菇形，因为在涂挂调味包衣时，蘑菇形产品容易得到均匀一致包衣层，且在玉米花混合与滚动的挂衣过程中不易破碎。蝴蝶形玉米花的形状不规则，但在做咸味玉米花时，容易附上盐粒。约90％爆花玉米使用黄玉米，10％使用白玉米。

我国的爆玉米花食品尚未形成产业化，由于路边或商店小摊现场制作的爆玉米花新鲜、温热，口感好，销售量较商店出售的现成包装爆玉米花要大。另外我国也有待建立爆玉米花的质量标准。应积极推动这个产业的发展。

四、薯类休闲食品加工

（一）薯类休闲食品加工设备

1.清洗机械

马铃薯块茎与甘薯块根加工前需将其表面的泥土清洗干净，常见的清洗设备有振动喷洗机、转筒式清洗机和螺旋输送式清洗机等。

2.去皮机械

薯类块茎块根的去皮方法一般有三种，即机械去皮、蒸汽去皮和碱液去皮。

(1)机械去皮

机械去皮是在圆筒形容器中，依靠带有金刚砂磨料的圆盘、滚轮或依靠特制橡胶辊在中速或高速旋转中磨蚀薯类表皮，摩擦下来的皮屑被清水冲走而达到去皮的目的。适于加工大小比较一致、卵圆形、无伤痕且芽眼较浅的薯块，尤其适于加工油炸薯片等直接炸制的薯食品。

(2)蒸汽去皮

在高压容器内，通入高压蒸汽使薯块表面受热，然后打开容器盖，突然释放压力，薯块表皮和果肉即自行分离。容器内通入的蒸汽压力一般为490～580 kPa，温度为158℃，工作周期为15～30 s。使用蒸汽去皮，优点是薯块外表光滑，果肉损失率较小；缺点是机械结构复杂，薯块表层留下蒸煮层，不适宜用来加工直接油炸制品。

(3)碱液去皮

利用碱液的腐蚀性来使薯块表面中胶层溶解,从而使薯块皮分离。碱液去皮常用氢氧化钠,其腐蚀性强且价格低廉。常在溶液中加入表面活性剂如 2-乙基己基磺酸钠,使碱液分布均匀以帮助去皮。碱液浓度提高、处理时间长及温度高都会增加皮层的松离及腐蚀程度,经碱液处理后的薯块必须立即在冷水中浸泡、清洗、反复换水直至表面无腻感,口感无碱味为止。漂洗必须充分,否则可能导致 pH 上升,杀菌不足,产品败坏。

碱液浓度一般为 15%～25%的氢氧化钠溶液,加入薯块后的碱液温度保持在70℃左右,经过 2～6 min 的碱液浸泡处理后,捞出薯块,再用高压水反复冲洗,直到表面无残留皮屑为止。

碱液去皮的优点是对不同大小、不同形状的薯块适应性好,去皮快。缺点是冲洗薯块需要大量清水,皮屑不能利用,排出的废液污染环境。

3. 切割机械

切割机械一般应具有多种功能,可以切割成不同规格的片、条和丁等,还可以切割成波纹片或波形条等。种类较多,根据产品要求选择不同的机械。

4. 蒸煮机械

常用的蒸煮机械有连续式链带蒸煮机和螺旋蒸煮机等,也可以用高压蒸煮锅或笼屉进行间歇式蒸煮。

5. 成泥机械

成泥机械类似电动绞肉机械,在挤压切碎成泥过程中,需及时冷却降温,以降低薯泥的黏度。

6. 成型机械

当采用薯类干制品做原料加工油炸制品时,需要将干料与水、调味料等搅和,利用成型继续先挤压成带状长条,然后再切成片或条等。

7. 干燥机械

常见的干燥机械有滚筒式干燥机、流化床干燥机和隧道式干燥机等,也可以采用冷冻脱水法进行干燥,解冻后的薯片投入一种类似螺旋榨油机的装置中,在榨出水分的同时还能通过模头系统挤压成型,从而达到脱水和造型的双重功能。

(二)薯类休闲食品加工实例

1. 油炸马铃薯片

油炸马铃薯片是风靡世界的休闲食品之一,产品口感酥脆,具有色、香、味俱佳的特点,是一种老幼皆宜的休闲食品。按油炸方式分为两种加工方法生产的马铃薯片,一种为普通常压油炸工艺,一种为真空低温油炸工艺。

(1)一般油炸工艺

一般油炸工艺流程如图 8-7 所示。

原料清洗→去皮→修整→切片→漂烫→油炸→调味→包装

图 8-7　一般油炸工艺流程图

操作要点如下。

①料要求块茎大小适中,直径在 4～6 cm,以保证切片后外形整齐美观,还原糖含量应低于 0.5%,干物质含量在 22%～25%为宜,无黑斑、无发芽等质变。

②清洗:在滚筒清洗机或斜式螺旋输送清洗机中,用清水洗去块茎表面的泥土等。

③去皮和修整:多采用摩擦去皮,薯块上少量未去皮的部分在分级输送带上进行修整,并检出有损伤的马铃薯。

④切片:使用切片机将块茎切成 1～1.7 mm 厚的薄片,刀片必须锋利,因为钝刀会损坏薯片表面细胞,从而在薯片洗涤时造成干物质的大量损失。

⑤淋洗和漂烫:切好的薯片应立即进行淋洗和漂烫,以免在空气中发生氧化变色现象。

淋洗的目的是除去薯片表面因切割时细胞破裂而产生的游离淀粉和可溶性物质,以免薯片在油炸时互相粘连。漂烫是将淋洗后的薯片在 70～95℃的水中热烫 3～5 min,这样可以全部或部分地破坏氧化酶和杀死微生物,并排除薯片内部空气使油炸工艺顺利进行。

⑥油炸:使用连续油炸锅和自动输送、自动油炸装置油炸薯片,油温控制在 176～191℃,油炸时间 20～30 s。油炸后要沥去片外多余的油。成品含油率为 25%～30%,最高达 45%。

⑦调味:油炸后的薯片,需趁热在调味机上进行喷涂调味,调味料加入量为薯片重的 1.5%～2.0%。

⑧包装:调味后的薯片经冷却、计量后,进行包装,包装袋应使用密封性能好的材料,并充以气体,以防止产品在运输过程中破碎。

(2)真空低温油炸工艺

真空低温油炸工艺流程如图 8-8 所示。

原料→清洗→去皮→修整→切片→漂烫→预处理→冷冻→真空油炸→脱油→称量→调味→包装

图 8-8　真空低温油炸工艺流程图

操作要点如下。

①预处理：漂烫之前的工序同上述方法。漂烫后的原料浸泡在由糖和盐等调味料组成的浸泡液中，浸泡时间为3～4 h，浸泡温度为20～25℃，为防止薯片在冷冻时发生褐变，可在预处理的浸泡液中加入0.2%～0.5%的柠檬酸，与溶液中的铜离子、铁离子配合从而减轻酶促反应。浸泡过程中，浸泡液中的调味料充分渗入薯片中，使之具有各种不同的风味，同时薯片中的一部分游离水由于反渗透作用被转移到细胞外，对油炸工艺中缩短油炸时间十分有利。浸泡结束后，经离心甩干机离心脱水处理，甩掉薯片表面吸附的一部分水分，以免薯片在冷冻时发生粘连现象。

②冷冻：采用低温快速冷冻。理想的冷冻温度为－30～－18℃，冷冻后的品温应控制在－15℃以下，通过最大冰晶生成区的时间最好在30 min以内。目的是防止薯片在油炸时变形和表面形成不规则小泡，采用冷冻工艺后，薯片表面变得很平整，产品质量显著提高。

③真空油炸：将油预热到92～95℃，将解冻后的薯片放入炸锅中的炸筐内，把炸筐在提起的支架上放好，关闭炸锅门，开启真空泵使锅内真空度升至0.090 MPa，放下炸筐开始油炸，油炸过程中的真空度应大于0.095 MPa，油炸后期温度升至95～98℃，至锅内基本无泡上翻时，停止油炸，整个油炸过程约持续0.5～1.0 h。油炸后提起支架，在维持原真空度的条件下，以200 r/min的转速离心脱油，时间为5～10 min。产品含油量可降至15%～20%。关闭真空泵，破真空后取出产品送往包装车间。

④包装：包装应在装有空调的干燥包装室内进行，包装材料采用铝箔塑料复合薄膜袋，包装工艺采用先抽真空，再充入氮气，防止产品在运输中挤压破碎和氧化变质。

速冻处理和真空低温油炸是本工艺的技术关键，不仅使产品含油量降至15%～20%，而且薯片外形整洁美观，口感细腻酥脆。

2.成型马铃薯片

将马铃薯先制成泥，再配入玉米粉、面粉、干马铃薯泥或马铃薯全粉等，重新成型，切片油炸或烘焙。从而加工出形状、大小统一，色泽一致的成型马铃薯片。

(1)产品配方

鲜马铃薯泥40%、马铃薯全粉60%，或鲜马铃薯泥40%、干马铃薯粉20%、面粉40%，并添加单甘酯、磷酸盐、亚硫酸钠及化学膨松剂等添加剂，还可加入食盐、味精、色素等调味料。

(2)挤压成型焙烤工艺

将原辅料混合后，放在低剪切挤压成型机中，加热到120℃挤压成型，然后放在烤炉中，在110℃条件下烘焙20 min，烘焙后喷涂油脂及调味料，即为风味、形状俱佳的成型马铃薯片。

(3)预压成型油炸工艺

预压成型油炸工艺流程如图8-9所示。

选料→清洗→去皮修整→捣碎成鲜马铃薯泥→配料→预压成饼→切片→检查→油炸→调味→成型马铃薯片

图8-9 预压成型油炸工艺流程图

混合均匀的马铃薯泥辊压成片状，再用模子辊切割成回形、椭圆形、菱形或三角形等形状，然后在180℃的油中炸制，经调味包装后即为大小形状一致的成型马铃薯片。

3.微波膨化马铃薯片

将马铃薯切片、护色及调味后，经微波膨化制成营养脆片，产品颜色金黄、松脆、味香、无油，是老幼皆宜的新型休闲食品。

(1)产品配方

马铃薯96.5%，食盐2.5%，明胶(食用级)1%。

(2)操作要点

①去皮切片：选择无芽、无变质的马铃薯块茎，去皮后切成1～1.5 mm厚的薄片。

②浸泡：液配制称取2.5%的食盐和1%的明胶于水中，加热至100℃将明胶全部溶解，按此方法配制同样的溶液2份，1份加热沸腾，1份冷却至室温。

③护色及调味：将薯片放入沸腾溶液中漂烫2 min，马上捞出放入冷溶液中，在室温下浸泡30 min。

④微波膨化：薯片护色调味后放入微波炉内膨化，调整功率750 W，2 min后翻个，再次微波焙烤2 min，然后调整功率至75 W持续1～2 h，产品呈金黄色，无焦黄，内部产生细密而均匀的气泡，口感松脆。

⑤包装：采用充惰性气体包装或真空包装，低温避光贮存。

(3)产品质量

采用微波膨化可有效地避免维生素C损失，产品无油，口感松脆诱人。

4.马铃薯全粉油炸薯条

以马铃薯全粉为基料，利用挤压成型工艺生产新型油炸薯条，操作简单，产品风味口感接近用鲜薯制作的油炸薯条，且不受用鲜薯生产的季节性限制。

(1)产品配方

马铃薯全粉 100 kg，淀粉 15 kg，奶粉 10 kg。

(2)操作要点

①添加适量淀粉可改善面团的成型性，原因是淀粉具有较好的黏性，在面团中可以起黏合剂的作用。

②马铃薯全粉粒度在 40 目以上较好，这样细胞破碎率较小，大部分细胞组织未受到损伤，加水复水后能更好地恢复新鲜薯泥的性状，具有鲜薯的香味和沙性，因此炸制的薯条质地和口感较好。

③面团含水量以 62%为宜，若水分较低，挤压成型困难，挤出的薯条不光滑，若水分过高，挤出薯条变软，易变形，且油炸时会因水分高而延长油炸时间，造成表面色泽变差及成品含油率上升。

④适当添加一定量奶粉，可提高产品的口感。

(3)产品质量

产品含油率在 33%左右，形状整齐，色泽风味好，口感酥脆。

5. 甘薯枣

甘薯枣是我国传统特产之一，主要产于山东省胶东地区，薯面透明发亮，外干内嫩，独具特色，已畅销国外。

(1)原料选择

制作甘薯枣应选择块大整齐，含糖量高，水分较大，薯肉为杏黄色、黄色或橘红色的品种。

(2)加工工艺

将薯块上的泥土洗净，把虫眼、病斑剔除后，放在锅上蒸，蒸至八九成熟时，出笼稍凉后，趁热撕去外皮，将凉透的薯块切成条状或块状，摊在竹帘上，在烤箱、烤房中烘烤，至薯块含水量在 35%左右，再用整形机进行整形，压扁呈椭圆形，再进行烘烤，直至含水量降至 25%为止，即可包装。

相关标准

食品卫生微生物学检验方法菌落总数测定(GB 4789.2—2010)

食品卫生微生物学检验方法大肠菌群测定(GB 4789.3—2010)

食品卫生微生物学检验方法霉菌和酵母的测定(GB 4789.15—2010)

膨化食品卫生标准(GB 17401—2003)

包装食品标签通则(GB 7718—2004)

相关网站

www. foodmate. net

学习项目一　粮油休闲食品特点及发展趋势

学习任务

1. 了解休闲食品的概念、种类，知道我国休闲食品的发展现状与趋势。

2. 理解膨化食品的制作原理，知道膨化休闲食品的特点。

3. 知道膨化休闲食品加工设备和加工方法。

本项目采用理论教学，需 2 学时完成。

一、学习准备

课程导入

传统的馒头和超市的馒头片有何差异？你喜欢哪一类？

案例讨论：传统产品休闲化面临的主要问题

提示：以馒头休闲化为例

1. 解决概念问题：关键就是“怎么吃”、“吃什么”

在馒头产品休闲化时，抓住“馒头烤着吃最香”这一点研发“休闲”风味概念系列。

2. 解决加工的难题

①解决馒头易风干变硬的难题，烘烤的工艺的研究。

②不同口味要求的难题，调味料工艺的研究。

③安全性、营养性的保证，原料配方、加工工艺的改进。

④适合的食用场所要多，包装上的改进。

预习单

1. 休闲食品的种类按生产原料可分哪几种？

2. 我国目前休闲食品存在的问题主要有哪些？

3. 谈谈我国休闲食品发展的趋势。

4. 按照用途和设备的不同，膨化食品可以分为哪几类？

5. 膨化产品的特点有哪些？

6. 常见的挤压膨化机有哪几种？

二、教学实施

在教师引导下，根据日常知识与教师展示的图片、实物等或通过观看相关光盘及多媒体课件教学，以小组为单位完成学习页。

学习页

(一)常见休闲食品的认识和分类

商品名称	
主要原料	
分类名称	

提示：除教师准备的休闲食品外学生可以补充。

(二)膨化食品加工制作方法的学习和探讨

1. 比较直接膨化法和间接膨化法

项目		直接膨化法加工	间接膨化法
工艺流程			
主要工序	原辅料的混合输送		
	挤压切割		
	膨化方法		
	干燥		
	调味、包装		

2. 对膨化设备的认识

设备类型	真空低温油炸马铃薯片	双螺杆挤压膨化机
主要构件		
加工特点		
使用维护		

三、评价与反馈

按照附录的考核单评价。

四、总结与反思

休闲食品的发展前景如何？我国与发达国家在休闲食品的生产的主要差距表

现在哪些方面?

五、拓展学习

1. 根据营养平衡的特点,谈谈膨化休闲食品的原料配方问题。
2. 对传统休闲食品加工企业提出改进建议。

学习项目二　粮油休闲食品加工工艺

学习任务

1. 掌握主要谷物膨化休闲食品的加工工艺及方法。
2. 掌握薯类休闲食品主要产品的加工工艺及方法。
3. 熟悉豆类与坚果类休闲食品加工工艺、方法与特点。

本项目采用理论教学,需 2 学时完成。

一、学习准备

课程导入

薯片有哪些品种? 你喜欢哪一类? 加工原料是什么?

预习单

1. 我国市场上的米果产品主要有哪些?
2. 写出糯米米果、粳米米果的制作工艺流程。
3. 生产锅巴的主要原料有哪些?
4. 写出大米锅巴加工工艺流程。
5. 薯类休闲食品加工设备有哪些?
6. 写出一般油炸马铃薯片工艺流程。
7. 马铃薯片油炸的油温控制在(　　)℃范围内,油炸时间(　　)s。
8. 写出真空低温油炸马铃薯的工艺流程。
9. 豆类与坚果类休闲食品加工设备主要有哪些?
10. 写出鱼皮花生的加工工艺流程。
11. 列举常见的豆类及坚果类休闲食品(至少 15 种)。

二、教学实施

在教师引导下,利用教学光盘及企业录像资料等多媒体教学,以小组为单位完成学习页。

学习页

(一)谷物类膨化休闲食品的加工

1.米果类休闲食品加工的学习与探讨

原料配方(以糯米米果的加工为例)			
生产工序	设备	作用	操作方法
淘洗、浸米			
蒸煮			
捣制、冷却			
成型			
干燥			
烘烤			
调制			
包装			

2.锅巴类休闲食品加工的学习与探讨

原料配方(以大米锅巴的加工为例)			
生产工序	设备	作用	操作方法
原料混合			
加水搅拌			
捣制、冷却			
膨化			
冷却			
油炸			
调制			
包装			

(二)马铃薯片的加工

产品类型	真空油炸马铃薯片	微波膨化马铃薯片	成型马铃薯片	马铃薯全粉油炸薯条
主要设备				
加工工序				

(三)豆类与坚果类休闲食品的加工

产品名称	鱼皮花生	兰花豆
主要设备		
加工工序		

三、评价与反馈

按照附录的考核单评价。

四、总结与反思

如何改进膨化休闲食品小作坊式的生产方式?

五、拓展学习

根据营养平衡的特点,谈谈薯片在配餐方面的应用。

实训项目一　加工锅巴

实训任务

1. 会根据配方选择生产锅巴的原料及辅料。
2. 会锅巴加工的主要工序。

本项目利用真实环境生产加工锅巴,需4学时完成。

一、实训准备

(一)原辅料选择、准备

以学习小组为单位,准备加工锅巴所需的原辅料。

(二)加工设备的检查、清洗

1. 以小组为单位检查加工设备的完好性、清洁度。
2. 不符合加工要求的设备或工具及时补充。

二、实训教学的实施

以小组为单位,在实践教师引导下加工锅巴,并完成工作页。

工作页

(一)原、辅料处理

项目	大米	淀粉	橄榄油	氢化油(或起酥油)	调味料
是否符合国家标准					
预处理方式					

(二)洗米、煮米、蒸米、拌油脂

项目	洗米	煮米	蒸米	拌油脂	拌淀粉
工作要点					
要求					

(三)压片、切片、油炸

项目	压片、切片	油炸
设备		
工作要点		
要求		

(四)调味料配制

风味配方	
设备	
工作要点及要求	

(五)调味、称量、包装

项目	调味	称量	包装
设备			
工作要点			
要求			

三、评价与反馈

按照附录的考核单评价。

四、总结与反思

1. 以学习小组为单位,整理出未知问题或内容,并进行讨论。
2. 本次实训有何感想?

五、拓展学习

本次实训有何感想? 还有哪些问题需要解决?

实训项目二　加工薯片

实训任务

1. 会根据产品特点选择生产薯片的原料及辅料。
2. 会高温油炸加工的主要工序。

本项目利用真实环境生产加工锅巴，需 4 学时完成。

一、实训准备

(一)原辅料选择、准备

以学习小组为单位，准备高温油炸薯片加工所需的原辅料。

(二)加工设备的检查、清洗

1. 以小组为单位检查加工设备的完好性、清洁度。
2. 不符合加工要求的设备或工具及时补充。

二、实训教学的实施

以小组为单位，在实践教师引导下加工锅巴，并完成工作页。

工作页

(一)原料(马铃薯)预处理

项目	清洗	去皮	切片	漂烫	干燥
机械设备					
方法及操作工序					
要求					

(二)调味料配制

风味配方	
设备	
工作要点及要求	

(三)油炸、调味、称量、包装

项目	油炸	调味	称量	包装
设备				
工作要点				
要求				

三、评价与反馈

按照附录的考核单评价。

四、总结与反思

1. 以学习小组为单位，整理出未知问题或内容，并进行讨论。

2. 本次实训有何感想？

五、拓展学习

本次实训有何感想？还有哪些问题需要解决？

附录　考核单

学习效果评价分为自我评价、组内互评、组间评价、教师评价，分别占10％、55％、10％、25％。

1. 自我评价

班级		小组		姓名		日期	
序号	评价项目	评价标准			评价意见		
					优良	中等	较差
1	完成任务的效果	材料准备及时、齐全；设备检查清洗良好；完成加工的每个环节，加工过程无出现重大失误					
2	完成任务的难易程度	工作有条理、得心应手					
3	查阅资料、信息的量	课前查阅大量资料，认真完成预习单、工作页、学习页等内容					
感想					分数(满分10分)		

2. 组内互评

班级		小组		姓名		日期	
序号	评价项目	评价标准			评价意见		
					优良	中等	较差
1	完成任务的态度	材料准备及时；设备检查清洗良好；积极主动完成加工的每个环节(15分)					
2	完成任务的能力	材料准备齐全、称量准确；设备的检查及时清洗干净；加工过程无出现重大失误(15分)					
3	合作意识	能忍让、能坚持，及时沟通，顾全大局，吃苦耐劳、积极主动(25分)					
建议					分数(满分55分)		
评价人签字(至少5人)							

3. 组间评价

班级		小组		姓名		日期	
序号	评价项目	评价标准				评价意见	
					优良	中等	较差
1	产品感官	产品感官符合要求					
2	环境卫生保持	按要求及时清理车间或实训室的垃圾，及时清洗设备和加工用具					
3	大局意识	顾全大局，能够及时沟通，通力完成任务					
建议					分数(满分 10 分)		
评价人签字(至少 8 人，均为其他组成员)							

4. 教师评价

班级		小组		姓名		日期	
序号	评价项目	评价标准				评价意见	
					优良	中等	较差
1	工作态度	材料准备及时；设备检查清洗良好；积极主动完成加工的每个环节					
2	工作成果	材料准备齐全、称量准确；设备的检查及时清洗干净；加工过程无出现重大失误，产品质量好					
3	创新意识	提出一些新的问题，思路新，有借鉴价值					
建议					分数(满分 25 分)		
教师签名							

参考文献

[1] 倪元颖.粮油制品安全生产与品质监控.北京:化学工业出版社,2006.

[2] 郭祯祥.小麦加工技术.北京:化学工业出版社,2003.

[3] 李培圩.面包生产工艺与配方.北京:中国轻工业出版社,2000.

[4] 杨宝进,张一鸣.现代食品加工学.北京:中国农业大学出版社,2006.

[5] 陈宇.烘焙工基础知识.北京:中国轻工业出版社,2004.

[6] 刘江汉.焙烤工业实用手册.北京:中国轻工出版社,2003.

[7] 伍沾德.中华烘焙食品大辞典.北京:中国轻工业出版社,2009.

[8] 姚茂君.实用大豆制品加工技术.北京:化学工业出版社,2009.

[9] 殷涌光,刘静波.大豆食品工艺学.北京:化学工业出版社,2006.

[10] 仇农学,李建科.大豆制品加工技术.北京:中国轻工业出版社,2002.

[11] 孟凡乔.食品安全性.北京:中国农业大学出版社,2005.

[12] 臧大存.食品质量与安全.北京:中国农业大学出版社,2006.

[13] 吴时敏.功能性油脂.北京:科学出版社,2001.

[14] 崔洪斌.大豆活性物质的开发与利用.北京:中国轻工业出版社,2001.

[15] 李全宏.植物油脂制品安全生产与品质监控.北京:化学工业出版社,2005.

[16] 刘玉兰.植物油生产与综合利用.北京:中国轻工业出版社,2006.

[17] 王丽琼.粮油加工技术.北京:中国轻工业出版社,2006.

[18] 李世敏.功能食品加工技术.北京:高等职业教育教材,2005.

[19] 贡汉坤.焙烤食品工艺学.北京:中国轻工业出版社,2001.

[20] 周树南.食品卫生法规与质量保证.北京:中国标准出版社,2002.

[21] 薛文通.新版饼干配方.北京:中国轻工业出版社,2002.

[22] 张建新.食品质量安全技术标准法规应用指南.北京:北京科学技术文献出版社,2002.

[23] 北京稻香村.科学铸造品牌.中华烘焙,2002(28):57-58.